建筑工程视觉场景智能解析：
原理与方法

/

Intelligent Parsing for Visual Scenes in Construction Engineering:
Theory and Methods

刘　欢　著

重庆大学出版社

内容提要

本书以建筑施工活动的视觉场景为研究对象，主要研究了如何智能化地解析建筑施工活动的视觉场景，系统地介绍了自动提取视觉场景中的关键施工活动信息，并将其显化成自然语言描述的原理和方法。

全书共 6 章，主要介绍了施工活动场景智能解析的相关理论基础和研究进展，视觉数据驱动的施工活动场景智能解析方法理论框架；另外，还介绍了系列实验研究结果，特别针对图片和视频两种数据形式设计和验证了施工活动场景的智能解析新方法。

本书既可供建筑土木大类专业的科研人员、研究生、高等院校师生和相关从业人员参考，也可作为专业科普类读物供大众读者参考。

图书在版编目（CIP）数据

建筑工程视觉场景智能解析：原理与方法 / 刘欢著.
重庆：重庆大学出版社，2024.6. -- ISBN 978-7-5689-4570-7

Ⅰ. TU114

中国国家版本馆 CIP 数据核字第 2024SU2562 号

建筑工程视觉场景智能解析:原理与方法
JIANZHU GONGCHENG SHIJUE CHANGJING ZHINENG JIEXI：YUANLI YU FANGFA

刘 欢 著

策划编辑:林青山

责任编辑:文 鹏　　版式设计:林青山
责任校对:王 倩　　责任印制:赵 晟

*

重庆大学出版社出版发行
出版人:陈晓阳
社址:重庆市沙坪坝区大学城西路 21 号
邮编:401331
电话:(023) 88617190　88617185(中小学)
传真:(023) 88617186　88617166
网址:http://www.cqup.com.cn
邮箱:fxk@ cqup.com.cn (营销中心)
全国新华书店经销
重庆升光电力印务有限公司印刷

*

开本:720mm×1020mm　1/16　印张:10.25　字数:147千
2024 年 7 月第 1 版　2024 年 7 月第 1 次印刷
ISBN 978-7-5689-4570-7　定价:79.00 元

序 言

　　2015 年,中共中央、国务院印发《关于深化国有企业改革的指导意见》,提出要推进智能化工程建设,建设数字化平台,实现数字化建设设置管理。近年来,国家陆续加强对各行业数字化、信息化、智能化建设的推进。2021 年,各省政府相继提出关于促进新型基础设施建设、加快数字经济发展的若干意见,旨在鼓励数字技术产品创新、培育数字经济产业生态、纾解数字经济企业问题。2023 年提出的《数字中国建设整体布局规划》也指出,要推广数字技术与实体经济深度融合,推动数字技术在交通、城市、工业、农业等领域的应用。

　　随着科技的飞速进步和市场需求的快速膨胀,建筑行业的粗放型管理模式逐渐向基于大数据挖掘的智能化管理模式转变,日益蓬勃发展的人工智能技术也加速了这一智能化升级的进程。一方面,随着计算机技术、大数据技术和传感器技术的发展,施工场景数据的获取愈发方便快捷,应用愈发深入且广泛;同时,人工智能技术的飞速发展也为工程视觉大数据的发展奠定了基础。另一方面,由于建筑行业本身是一个信息保密型行业,工程视觉大数据的出现可以为建筑企业提供更多的数据支持和决策参考,提高施工效率和质量,减少人为错误和损失,更好地满足市场需求。

　　因此,工程视觉数据的客观性和易获得性,及其包含的施工活动场景信息对于促进施工管理智能化的发展变得越来越重要,尤其是为开发一些基于视觉数据的智能施工管理方法提供了最直接的数据支撑。然而,随着施工管理智能化的需求和现代影像技术的快速发展,施工现场产生了海量冗杂的建筑视觉数据,这对管理这些数据本身和将其应用到实际工程中带来诸多挑战。其一,视觉数据本身的非结构特性造成了对其进行智能化解析的难度,进而为其在实际工程中的应用带来挑战;其二,视觉数据所含关键信息的隐藏性及其庞大的数据量也给实现建筑视觉数据的高效管理带来一定挑战。

为克服以上两方面的现实挑战，本书构建了视觉数据驱动的施工活动场景智能解析方法。该方法实现了对建筑视觉数据中施工活动场景作为整体进行本体解构和语义表征的自动化过程，且方法实现的解析效果将有利于提高建筑视觉数据的应用和管理效率。本书具体开展了以下几个方面的研究工作：

（1）构建了视觉数据驱动的施工活动场景智能解析方法的理论框架。方法的理论框架包括三方面的内容：①根据场景理论、知识图谱理论和施工现场管理的现实需求对施工活动场景进行本体分析，形成了基于视觉数据的施工活动场景本体解构流程框架；②为实现对施工活动场景的知识化表征，本书结合自然语言的结构特性，将场景要素按类别与自然语言句子中不同词性的词汇进行匹配，对这一过程进行规范化分析和总结，形成了基于视觉数据的施工活动场景语义表征的理论框架；③根据已构建的施工活动场景本体解构和语义表征理论框架，进一步明确了构建基于图片数据和视频数据的施工活动场景智能解析方法的研究路径，具体包括研究步骤和方法验证的评价体系两个方面的内容。

（2）设计和验证了一种基于图片数据的施工活动场景智能解析方法。首先，基于已构建的视觉数据驱动的施工活动场景智能解析方法理论框架，制作专用的图片描述数据集。其次，基于当前视觉描述领域的前沿理论和技术，构建实现方法智能化的深度学习模型架构。最后，开展具体的实验研究，包括训练模型、模型验证和方法测试等实验过程。本研究为了分别探索数据集和模型架构对实验结果的影响，共开展了三组实验。其中，自动评价结果表明该方法在自动描述方面的性能与当前计算机视觉领域最先进的图片描述方法的性能相当；人工评价结果表明该方法可以实现对图片数据中施工活动场景的整体性解析；场景要素的解析精度计算结果表明，该方法对不同类别场景要素进行解析的效果表现不均衡，其中对第 I 类实体、第 III 类实体及其属性类别的场景要素的解析精度高于其他两类。通过实验结果对比分析还发现，数据集和模型架构对最终的方法的解析性能均有影响，其中数据集对方法效果的影响更为显著。

（3）设计和验证了一种基于视频数据的施工活动场景智能解析方法。首先，设计了一种全新的两阶段深度学习模型，用于综合解析视频数据中的施工活动场景信息，该模型分为两个阶段：密集视频字幕阶段和文本摘要阶段。其次，开发了本研究所需的密集视频字幕数据集和长视频摘要参考数据集。最后，进行实验研究和结果分析，自动评价结果表明该方法在密集视频字幕生成阶段的性能与当前计算机视觉领域的最先进的方法的性能相当，人工评价结果表明该方法可以实现对长视频数据中多层次施工活动场景的智能化解析，场景要素解析精度计算结果表明该方法对不同场景要素类别的解析效果表现不均衡，其中对第 I 类实体及其属性类别的场景要素的解析精度高于其他三类。

本书从方法的理论框架、研究过程及验证结果三个维度对基于图片数据和视频数据的施工活动智能解析方法进行了全面比较。其中，从方法的验证结果这一维度来看，两种方法的相同点有：①两种方法在实现视觉场景自动化描述的表现可与当前计算机视觉领域最先进的视觉描述方法的表现相当；②两种方法均可直观地解析出整体的施工活动场景并将其表示成自然语言句子，且都在与视觉场景的相关度方面还存在一定的欠缺，有待进一步提升；③两种方法各自对不同类别场景要素的解析精度表现得不均衡，且与各类别的场景要素在训练集中出现频次的相对高低保持一致。因此，两种方法也具备相同的局限性，即解析方法的性能表现对数据集规模和质量的依赖性。两者不同之处在于，基于图片数据的方法在关于其模型的泛化能力方面表现更好，但输出的部分描述性语句存在一定的句法错误；基于视频数据的方法在句法正确度上表现更好，输出的描述性语句中未发现有句法错误，但模型的泛化能力不被体现。

本书的主要创新点在于：

（1）构建了视觉数据驱动的施工活动场景智能解析方法，解决了建筑视觉数据的智能解析和管理方面的现实难题。

（2）提出了全新的基于视觉数据的施工活动场景解析理论框架，弥补了当前研究无法对视觉数据中施工活动场景进行整体性解析的缺陷。

（3）创建了一系列以施工活动场景为主题的视觉描述数据集，为"解析施工活动场景"与"自动视觉描述"两大研究领域建立重要的理论链接。

（4）创建了一个可层次化解析施工活动场景的两个阶段视频描述模型，实现了对长视频中多层次施工活动场景的智能化解析。

本书的读者对象

作为一本同时具备学术意义和实践价值的学术专著，其面向的读者对象主要为建筑土木大类的科研人员、研究生、高等院校的大学生和相关从业人员；同时，由于书中采用了通俗易懂的语言对专业领域的概念解读和实践案例的介绍，因此本书也可作为专业科普类读物面向对智能建造这个新领域感兴趣的大众读者。

由于著者水平所限，书中难免有错误和不当之处，恳请各位专家和读者给予批评指正。

著　者

目　录

图目录

表目录

第1章 概 论

1.1 研究背景与问题的提出

近年来,建筑行业的粗放型的管理模式逐渐趋向于数据驱动下的智能化管理模式,日益蓬勃发展的人工智能(Artificial Intelligence, AI)技术也正推进着这一智能化升级管理模式的持续性发展。现有相关研究涉及了多种多样的智能施工管理主题,例如,有施工现场物料自动追踪[1-3]、施工现场智能安全管理[4-6]、建筑工人生产力的自动监测[7],等等。以上研究大都通过对传统施工管理方法进行智能化改进,采用了 AI 领域的前沿理论和方法作为技术支撑来实现。但由于当前针对建筑行业开发的智能新方法大都还属于弱人工智能的技术范畴,还主要使用的是"完全监督"的学习模式来实现方法的智能化的,此类智能学习模式的模型实现将严重依赖于大数据集的训练。因此,在当前开发各种智能施工管理方法的研究实践中,从施工现场产生的各式各样的大数据发挥着越来越重要的作用[8,9]。

与施工活动场景有关的建筑视觉数据对于实现施工管理智能化而言也越来越重要,尤其为开发一些基于视觉数据的智能施工管理新方法提供了最直接的数据支撑[10,11]。建筑视觉数据在智能施工管理领域的重要作用,主要得益于视觉数据本身的两大特性:一是视觉数据所包含信息的客观性。人类感知外界信息,80%以上是通过视觉得到的[12]。建筑视觉数据中包含大量真实的、与施工活动场景有关的信息,通过从视觉数据中对施工活动场景信息进行的提取和显性化的表征,最终生成显性化的知识可辅助从业人员进行智能化决策。二是视觉数据的易获得性。近年来,移动互联网和数字成像技术的快速发展,使得获取视觉形式的建筑数据(图片和视频)已成为一件方便易行的事情了,数码相机和智能手机等影像获取设备携带方便,与建筑施工场景相关的图片和视频随处可见。国外一家著名的建筑文件服务商称①,在一个典型的商业建筑项目(≈750 000平方英尺,1 平方英尺 ≈ 0.09 m^2),大约产生 325 000 幅由专业摄影师拍摄的图像,95 400 幅由网络摄像头拍摄的图像,2 000 幅由建筑项目团队成员拍摄的图像,共计 40 多万张图片。也有研究表明,通过获取和分析施工现场的视觉数据可以了解施工活动的实时状态,有助于施工管理人员实现其管理目标[11,13]。

随着智能场景时代的到来和建筑业持续性智能化升级的发展,建筑视觉数据的增长愈发呈现海量冗杂的态势,这为有关建筑视觉数据的管理和进一步的应用带来最直接的挑战。首先,视觉数据本身的非结构特性造成了对其进行智能化解析的难度。建筑视觉数据的真正价值在于解析出其中未被显性化表示的施工活动场景信息,那么,智能化解析视觉数据难的现实问题也将进一步为建筑视觉数据支撑施工管理智能化的发展带来一定的阻碍。其次,视觉数据所含关键信息的隐藏性和数据量的愈发庞大也给实现建筑视觉数据的高效管理带来一定挑战。数字化时代的视觉数据管理主要涉及对数据进行提取、分类、检索和存储等一系列人机交互操作,且通常实现上述操作的前提是已有对视觉数据进行标注(或索引)的合理方式。传统的视觉数据标注过程主要是通过人工解读和符号化注释视觉画面来实现的,常用的注释途径则是应用文本或特定的符号对理解到的视觉内容进行显性化标记。然而,对于管理愈发庞杂的建筑视觉数据的情况而言,这种耗时和耗费人力的传统视觉标注方法无疑已不再适

---

① D.Stadnik,G.Twigg,e-mail exchange with CEO(Stadnik)and CTO(Twigg)of Multivista,Sept.17(2015).

用。考虑到人工标注视觉信息的方法的低效性,目前已有学者尝试通过机器智能替代人工来解决,即通过构建智能化方法来实现对视觉中关键信息的解构、提取和显性化表征等内容解析步骤的过程(例如,通过计算机视觉和机器学习算法对视觉数据中有关建筑现场设备和资源的信息进行识别和注释[2,3,14],另有研究采用自动图片描述的方法对无人机获取的图像数据进行标注[15])。

总体而言,综合上述两个方面关于建筑视觉数据在管理和后续应用方面的现实挑战,当前急需开发一个综合型的建筑视觉数据智能化处理方法,使其既能对建筑视觉数据中施工活动场景进行智能化提取和分析,又能将提取出的场景内容进行显性化表示并形成内容索引,进而服务于对建筑视觉数据进行高效管理的系列人机交互操作以及进一步的实际应用。本书将这个综合性的方法表述为"视觉数据驱动的施工活动场景智能解析方法",其中"解析"的含义具体指:对视觉数据中的施工活动场景信息进行本体化解构、语义化提取和显性化表征等连续性操作的过程。

现有的相关理论也证明了对建筑视觉数据中施工活动场景进行智能解析的必要性。一方面,基于场景理论,明确了场景分析的主要目的是弄清适应不同场景所需的信息和服务[16];同样地,本书对视觉数据中施工活动场景进行解析的目的在于,使最终解析的效果适应于视觉数据中施工活动场景本身存在的意义和被实际应用的需求。那么,视觉数据驱动的施工活动场景解析方法应实现对视觉数据内容的本体解析,以及服务于建筑视觉数据的管理和应用于智能施工管理等多个层面的需求。另一方面,由中国电子技术标准化研究院(2018)发布的《人工智能白皮书》中也明确阐述了"智能信息表示与形成"是 AI 理论框架的重要组成部分,并且指出与该部分内容对应的关键技术是知识图谱[17]。那么,建筑视觉数据所含的施工活动场景信息作为其中一种服务于智能施工管理的智能信息,对其进行智能显性化的表示是有必要的,而且知识图谱的相关理论和技术也可为本书后续构建视觉数据驱动的施工活动场景智能解析方法理论框架提供策略性的指引。

根据上述现实和理论背景,提出本书的研究问题为:如何构建视觉数据驱动的施工活动场景智能解析方法,使其既能实现对视觉数据中施工活动场景信息的智能化解构和提取,又能对已提取的施工活动场景信息实现显性化的表征?

1.2　研究目的及意义

1.2.1　研究目的

结合上述背景,进一步围绕本书提出的研究问题进行文献调研,明确了本书的研究目的和解决问题的详细思路。

依据智能化人机交互时代背景下的场景定义[18],本书初步界定了"施工活动场景"的概念为:建筑工人及其所参与的施工活动作为一个事件的总和。本书拟构建智能方法的解析对象则是视觉数据中关于建筑工人及其所参与的施工活动的全部视觉体现。另外,鉴于知识图谱的本质是由多个实体或概念以及它们之间的关联关系构成的语义网络(Semantic Network)知识库[19,20],其形成过程的信息抽取方式(实体、关系和属性的对齐)和知识融合方式可直接为本书对视觉数据中施工活动场景解析的解析思路提供最原始的理论依据。因此,本书在正式开展视觉数据驱动的施工活动场景智能解析方法构建的研究之前,需要先明确基于视觉数据的施工活动场景解析思路,且场景理论和知识图谱理论将有助于本书后续构建视觉数据驱动的施工活动场景智能解析方法的整体理论框架。

现有视觉数据驱动的施工活动场景智能解析方法的相关研究可以分为四大类:施工现场人机物等实体的识别[1,21-24]、建筑工人或机械的姿态估计[25-32]、施工活动的识别[23,33-36]和场景分析[37-39]。上述研究对视觉数据中的施工活动场景进行解构、提取和表征等步骤的特点各有不同,但也有以下两方面的共性:

①对施工活动场景要素大多是单独提取的，即单个实体、单个实体-实体的关系或实体的某个特定属性。

②在提取出场景要素后，也都是通过自动生成单个单词或短语作为视觉内容的文本注释来实现输出结果的表征过程的，且方法均是采用深度学习（Deep Learning）算法来实现其解析过程的自动化的。

由此可知，上述研究中的解析思路尚不满足于对施工活动场景的整体性解析需求，因为解构和表征一个整体的施工活动场景需同时涉及多个实体及其之间的关系和属性。因此，本书需围绕现有研究中无法对施工活动场景进行整体性解析的不足，在后续构建新方法的研究中进行完善；另外，现有研究均采用深度学习方法来实现其解析过程智能化以及应用语义表征解析结果的方式是值得借鉴的。

已有学者证实了自动视觉描述方法可以作为智能化提取和表征视觉内容的潜在方案[40]。自动视觉描述方法融合了计算机视觉（Computer Vision，CV）和自然语言生成（Natural Language Generation，NLG）领域的最新技术。现有的视觉描述方法研究中，视觉描述模型大都采用了典型的深度学习框架——由深度神经网络（Deep Neural Network，DNN）组成的"编码器-解码器"框架[41]。且模型的训练多数采用"完全监督"的模式，方法实现过程还严重依赖于对应的视觉描述数据集。然而，现有的大规模视觉描述数据集（如图片描述数据集有 Flickr8k[42]、Flickr30k[43] 和 MS COCO[44]；视频字幕数据集有 MSR-VTT[45] 和 MSVD[46]），并不适用于"对施工活动场景进行解析"这一特定的应用情景。因此，要基于现有技术水平实现本书解析方法的智能化，需首先构建满足整体性解析施工活动场景需求的专用视觉描述数据集，然后基于当前自动视觉描述研究领域的相关理论和技术构建实现解析智能化的视觉描述模型。

综上所述，通过对相关理论基础和既有研究的文献调研，明确了本书的研究目的是构建一个视觉数据驱动的施工活动场景智能解析新方法，以满足对视觉数据中施工活动场景进行整体性解析和实现解析过程智能化的需求。据此

研究目的,本书所具体的研究任务就是依次回答以下三个子研究问题:

①如何构建一个可以整体性解析视觉数据中施工活动场景的理论框架,包括基于视觉数据的施工活动场景本体解构流程框架和语义表征理论框架?

②在问题①中理论框架的指导下,如何构建不仅满足整体性解析施工活动场景需求,还与当前先进的视觉描述模型架构相适应的专用视觉描述数据集(以图片和视频这两种数据形式为例)?

③基于自动视觉描述领域的前沿理论和技术,如何设计和验证基于不同数据形式(图片和视频)的施工活动场景智能解析方法,并比较基于不同数据形式的两种方法之间的差异?

1.2.2 研究意义

本书的研究问题是建筑行业智能化发展大背景下的一个衍生问题,即:如何构建视觉数据驱动的施工活动场景的智能解析方法? 为解决该研究问题,本书以场景理论和知识图谱理论为依据,以 CV 和 NLG 领域中与视觉描述方法相关的理论和技术为本书方法构建的技术支撑开展了系统的研究工作,且取得的研究成果具备一定的理论意义和实际意义。

1)理论意义

①拓展对视觉数据驱动下施工管理智能化研究的范围和角度。近年来,在建筑行业智能化发展的背景下,有关视觉数据驱动下智能施工管理方法方面的研究已层出不穷。"智能信息表示与形成"作为 AI 理论框架的重要组成部分,明确揭示了对智能信息进行挖掘和表征对于推进智能化产业发展的重要意义[17]。然而,在建筑行业智能化发展的进程中,却很少有人就"建筑智能信息的表示和形成"这一主题进行系统性的研究。视觉数据中的施工活动场景信息作为建筑智能信息的一种,本书以有效应用和管理建筑视觉数据为背景,以场景理论为视角,探索出了一个全新的用于解析建筑视觉数据的方法,本研究对

智能施工管理的理论研究范围的拓展具有重要的理论意义。

②弥补了当前研究无法对视觉数据中施工活动场景进行整体性解析的缺陷。本书依据场景理论和知识图谱理论,结合现有研究中有关施工活动场景智能解析思路方面的特点和不足,构建了全新的基于视觉数据的施工活动场景解析理论框架,包括本体解构流程框架和基于自然语言句子的语义表征理论框架两个部分。该框架延续了现有研究在"解析过程智能化"和"对解析结果进行语义化表征"两个方面的优点,同时弥补了现有研究无法对施工活动场景进行整体性解析的缺陷。总体而言,为视觉数据驱动的施工活动场景智能解析的相关研究领域提供了理论上的补充。

③创建了一系列以施工活动场景为主题的视觉描述数据集。本书为实现视觉数据驱动的施工活动场景解析方法的智能化,引入了视觉描述相关的理论和技术作为关键技术支撑。为开展基于具体数据形式下的方法设计和实验验证的研究,本书创建了一系列以施工活动场景为主题的视觉描述数据集,包括两个不同规模的图片描述数据集、一个密集视频字幕数据集和一个长视频参考摘要数据集。在构建这些数据集时,笔者同时考虑了这些数据集与视觉描述模型的适应性和对施工活动场景解析的整体性两个方面的需求,可直接服务于本次方法构建的实验研究过程,数据集构建过程的系统性和规范性也为施工管理应用情景与自动视觉描述两个研究领域提供了理论链接。另外,以上数据集本身作为具有开放性获取权限的研究成果也为学术界和工业界提供了直接的实用价值。

④为持续改进施工活动场景智能解析方法的性能指明了方向。本书通过实验研究,对视觉数据驱动的施工活动场景智能解析方法各构成部分的性能进行了对比分析,一方面为寻求最优的实验配置以达成有效的实验结果,另一方面为探索各组成部分(数据集、模型架构、学习策略的选择和实验条件等)对于方法整体解析性能的影响。其中,在本书可开展实验研究范围内,数据集的影响最为明显,且实验表明数据集的样本量越大,最终方法测试的精度越高;从对场景要素的解析精度评价结果来看,依然发现类似的结论,即某类场景要素在

源训练集中出现的频率越高,最终方法对该类要素的解析精度越高;模型架构中不同深度神经网络组合的选择对方法验证结果的影响差异不显著。因此,本书也明确指出:基于当前的方法理论框架,扩大数据集的种类及规模和优化模型架构本身均是提升当前方法解析精度的有效措施。以上关于对方法实施效果的影响的结论为将来开展方法优化相关的研究奠定了理论基础。

2)实际意义

①对于提取和分析用于施工现场管理的视觉信息具有实际应用价值。本书方法可实现对视觉数据中施工活动场景信息的智能解析,根据从视觉中生成的客观的施工活动场景信息,建筑工人或计算机可直接读取和传递其中的信息,进而应用到实际的施工管理决策中。例如,在安全管理方面,可以通过分析视觉描述中"头盔""安全帽"或"安全带"等安全措施相关的场景词汇来判断该场景中建筑工人所处的安全状态;在空间分析方面,也可以通过对"一个""两个"或"多个"等表示建筑工人数量属性的词汇来判断视野范围内施工作业空间的拥挤程度;在劳动生产率分析方面,根据建筑工人数量属性的词汇和动作词汇在视频数据中出现的频次推断在视野范围内的所有建筑工人的总劳动时间,等等。因此,本书构建的方法对于施工管理活动的信息处理具有实际应用价值。

②对于实现建筑视觉数据的高效管理和提高数据的应用价值具有实际意义。在短期内,由于当前的智能施工管理方法的开发主要还依赖于大数据作为基础的支撑条件,因此对于视觉数据的需求还会持续增加。该方法生成的视觉描述句子可直接作为对应图像文件的内容索引,有助于基于场景词进行视觉数据的分类和检索,进而可以帮助高效地管理愈发海量杂乱的建筑视觉数据,提高对建筑视觉数据的重复利用率,也提高建筑视觉数据的应用价值。

1.3 核心概念界定

本书拟探讨"如何构建视觉数据驱动的施工活动场景智能解析方法"这一

研究问题,在核心概念界定上主要涉及"视觉数据""施工活动场景"和"智能解析方法"。另外,为落实到具体的研究过程,本书还涉及了与"视觉数据"密切相关的概念,分别有"图像""图片"和"视频",为避免后续研究对其阐述发生混淆,在此对其含义及表现形式也进行简要的说明和区分。本小节将对上述概念进行界定及说明。

1.3.1　视觉数据

视觉数据或称图像数据(Visual Data 或 Image Data),顾名思义,是指通过视觉被感知的数据。视觉是人和动物最重要的感觉,80%以上的外界信息通过视觉获得[47,48]。图像(Image)在维基百科(Wikipedia)上被定义为"人对视觉感知的物质再现"。图像可以由照相机、镜子、望远镜及显微镜等光学设备获取,也可以人为创作。随着数字采集技术和信号处理理论的发展,越来越多的图像以数字形式存储[49]。图像可分为静态影像(图片、照片等)和动态影像(视频、影片等)两种形式。

图片(Picture 或 Photo)是指由图形、图像等构成的平面媒体[50]。视频(Video)是由连续画面的静态图像组成的,即当连续的图像变化每秒超过 24 帧(Frame)以上时,根据视觉暂留原理,人眼无法辨别单幅的静态图像画面,因此看上去是平滑连续的视觉效果[51]。由此可见,图片和视频作为图像的具体表现形式存在时间维度上的区别。图片是画面单一的、静态的图像;视频是画面随时间变化的、动态的图像。视频是由一系列连续画面的静态图像(视频帧)构成的。本书的研究对象是视觉数据中的施工活动场景,后续也分别开展了基于图片和视频两种视觉数据形式的施工活动场景智能解析方法的实验研究。

特别说明,本书后续章节中每单独出现"图像"一词时,除了从上下文判断其与"图像字幕"的含义密切相关时表示静态图像(或图片)的含义之外,其他地方出现"图像"一词均代表一般意义上的图像,既代表以图片形式存在的图像,也代表以视频形式存在的图像。

1.3.2　施工活动场景

施工活动场景(Construction Activity Scene)是一个来自工程实践中的概念，是对施工现场一定范围内真实工作状态的总体性归纳。随着近年来施工现场管理信息化和智能化的升级，解析施工活动场景成了实现施工智能化管理的基本前提。尽管现有关于施工智能化管理方法的研究大都是从解析施工活动场景着手的，但从不同的研究视角出发，现有研究对"施工活动场景"这一概念的界定存在区别，可分为以下三类：第一类表示对某个分部分项工程的笼统的概括(如砌筑工程、钢筋工程)，被称为施工活动(Construction Activity)[52-54]；第二类侧重于某个具体的施工工序(如墙体保养、砌墙砖)，被称作施工现场工作或直接工作(Construction Site Work 或 Direct Work)[10,11]；第三类则强调了工人或机械为主体的动作，被称为施工操作(Construction Operation)[55-57]。总体而言，无论从哪种层次来看，一个施工活动场景的整体包含了多个相互关联的实体、关系和属性等多种场景要素[58]。

然而，根据施工活动场景的本体特征和智能时代背景下的场景定义(即场景指人和他们所从事活动的故事)，同时借鉴 Liu 等[54]对"施工活动场景"的定义，进一步明确了本书中"施工活动场景"的内涵，具体指视觉数据中所包含一个或多个与施工作业相关的实物、实物之间的关系以及实物属性的总和。这些围绕着同一施工活动主题的实体(工人、设备、材料等)、实体之间的关系(例如，实体对象之间的合作或共存)以及实体的属性(颜色、数量、形状等)被称为施工活动的场景要素。一张图片所包含的施工活动场景是唯一确定的，而视频中所包含的施工活动场景则是随着时间的推移而动态变化的，且包含的场景内容也是可以分层次解读的，本书在后续的研究中也对由图片和视频数据结构本身的差异引起解析思路的差异做了深入的探究。

1.3.3 智能解析方法

"解析"一词,根据现代汉语词典的注解,有剖析、深入分析、和拆解分析的意思。本书中"解析"一词对应的英文单词为"Parsing",意为对视觉中呈现的物象内容进行拆解分析,然后进行语义表征的过程。因此,本书的"解析"涉及了"本体解构"(Ontology Deconstruction)和"语义表征"(Semantic Representation)两层含义。"本体解构"具体指对视觉数据中的内容按照肉眼可见的物象进行结构化的拆解,并明确每一个可见物象与主题的相关性及物象之间的相关性,即按照统一的规则对视觉数据中蕴含的与施工生产活动相关的场景要素进行提取,然后按照施工活动发生时的实际关系进行要素之间的关联。"表征"是信息在头脑中的呈现方式,是信息记载或表达的方式,能把某些实体或某类信息表达清楚的形式化系统以及说明该系统如何行使其职能的若干规则[59]。因此,"语义表征"就是将以自然语言体系作为表征视觉数据中施工活动场景的形式化系统,以实现对潜藏在视觉数据中的施工活动场景的显性化表达。

智能化(Intelligentially)是指事物在大数据、互联网、物联网和 AI 等技术的支持下,所自动具有的能满足人的各种需求的属性。近年来,智能科学主要研究方向与自动化有密切关系的就有计算智能、知识获取、智能控制、智能机器人等。在本书中,智能化场景解析的过程则强调了需应用计算智能达到关于最终解析效果方面的双重目的,既在内容上遵循特定逻辑的解析思路,又在形式上实现解析过程自动化。这一过程需要将经典的 AI 方法和计算智能方法相结合,以数据仓库为基础,通过综合运用统计学、模糊数学、神经网络、机器学习和专家系统等途径,从大量数据中提炼出抽象知识,揭示蕴含在数据背景中客观世界的内在联系和本质规律,实现数据开采和知识发现。

因此,综合上述关于"解析"和"智能化"的概念解释,本书的智能解析方法(Intelligent Parsing Method)指能够对非结构化数据中的关键信息实施自动化解构、提取和表征等步骤的综合性数据处理方法。那么,本书拟构建的"视觉数据驱动的施工活动场景智能解析方法"被要求既要实现对视觉数据中的施工活动场景的针对性解构、提取和表征，又要实现这一解析过程的自动化。

1.4　研究内容和研究方法

1.4.1　研究内容

本书期望以视觉数据中的施工活动场景为研究对象，以场景理论和知识图谱理论框架为理论依据，以 CV、NLG 领域的与视觉描述相关的前沿理论和技术为技术支撑，构建视觉数据驱动的施工活动场景智能解析方法。具体而言，本书将围绕前文提出的研究目的和三个子研究问题，开展以下四个方面的研究工作：

第一，通过文献综述，整合相关理论基础和已有研究的进展和不足，为后续构建视觉数据驱动的施工活动场景智能解析方法提供包含理论依据和技术支撑的完整图景。首先，明确本书的理论基础，包括场景理论的历史沿革和研究现状，知识图谱的生成机制框架以及应用研究现状等，从中得到的理论启示有助于明确本书方法构建的总体研究思路；然后，对视觉数据驱动的施工活动场景智能解析相关研究现状进行了综述，为本书后续的方法理论框架的构建提供理论依据；最后，对本书涉及的自动视觉描述方法的相关研究进行综述，其中当前自动视觉描述领域相关的方法和技术，可为本书后续开展具体方法构建的实验研究提供理论上的指导和关键技术方面的支撑。

第二，构建视觉数据驱动的施工活动场景智能解析方法理论框架。通过系统分析本书的主要研究问题，明确了构建基于视觉数据的施工活动场景解构流程框架和语义表征理论框架是构建视觉数据驱动的施工活动场景智能解析方法的前提和核心。方法的理论框架共包括三个方面的内容：一是根据场景理论、知识图谱理论和施工现场管理的现实需求对施工活动场景进行本体分析，形成基于视觉数据的施工活动场景本体解构流程框架;二是结合自然语言的结构特性,完成将场景要素与语义的匹配,形成对基于视觉数据的施工活动场景语义表征理论框架;三是根据已构建的施工活动场景本体解构和语义表征理论框架,进一步明确实现基于具体数据形式(图片和视频)的施工活动场景智能解析方法的研究路径,具体包括实现方法智能化的研究步骤和方法验证评价体系。

第三,开展基于图片数据的施工活动场景智能解析方法的实验研究。本研究有两个研究目的:一是通过构建基于图片数据的施工活动场景解析方法验证已构建的施工活动场景解析理论框架;二是通过实验研究实现基于图片数据的施工活动场景解析的智能化,并验证和讨论该智能化方法解析性能。本研究通过借鉴当前自动图片描述方面领域的经典深度学习模型架构,达到自动化解析图片数据中施工活动场景的目的。研究共分为三个步骤:制作专用的图片描述数据集、构建基于深度学习的图片描述模型、开展实验进行方法验证和测试。本研究还将通过对实验结果进行分组对比分析,探究方法中不同模块(数据集、模型性能)对最终方法的解析性能的影响。

第四,开展基于视频数据的施工活动场景智能解析方法的实验研究。由于一个视频片段本身存在的动态属性和所包含信息的丰富性,较单张图片而言更加复杂,因此构建可以完整解析视频数据中施工活动场景的智能化方法,首先对视频数据中的施工活动场景进行层次划分,然后再根据不同层次的场景内容构建相适应的自动化解析模型。鉴于对视频数据需要解析的施工场景层次分别为工序层次和工人动作层次,本书构建了一个两阶段的方法来实现以上两个施工活动场景层次的解析。第一阶段,借鉴密集视频字幕模型实现对视频中工人动作层次的施工活动场景进行自动化解析;第二阶段,针对长视频而言,对第一阶段生成的密集视频字幕进行摘要提取,以对其中工序层次的施工活动场景进行解析。因此,构建基于视频数据的施工活动场景智能解析方法共包括三个步骤:构建基于深度学习的两阶段视频描述模型(密集视频字幕模型和长视频摘要提取模型)、制作两阶段的视频描述数据集以及开展实验进行方法验证和测试,最后从方法的理论框架、方法的实现过程及方法的验证结果三个层面对基于图片数据和视频数据的施工活动场景智能解析方法进行全面的对比分析。

1.4.2　研究方法

结合以上研究内容,本书采用的研究方法主要有文献调研法、系统分析法、本体分析法和实验研究法。

1)文献调研法

本书通过文献调研法梳理了与本研究相关的理论基础和研究综述。首先,通过对理论基础相关的文献进行调研,笔者获得了关于构建视觉数据驱动的施工活动场景解析方法理论框架的重要启示。其次,通过对基于视觉的施工活动场景的解析相关的研究文献进行调研,在明确了其中关于施工活动场景解析思路的特点与不足后,笔者探索出了沿用既有特点和完善其中不足的解析思路。最后,通过对自动视觉描述领域研究文献的调研,笔者明确了实现解析过程智能化的关键技术,以为本书后续的方法构建的实验研究提供明确的指引。

2)系统分析法

本书的研究目标是构建视觉数据驱动的施工活动场景智能解析方法,该研究属于设计性研究的范畴,而开展方法设计性研究的最契合的研究方法则是系统分析法。根据系统分析法的基本定义①,本书对拟构建的施工活动场景智能解析方法的所需的理论设计部分和实验验证环节进行了系统的梳理,并最终形成了视觉数据驱动的施工活动场景智能解析方法理论框架(对应了本书第三章的全部内容),既包括了方法实现解析施工活动场景的理论框架,又包括了后续方法实现其智能化的研究路径。

---

① 本书参照汪因洛主编的《系统工程》一书中对系统分析的定义:"系统分析是运用建模及预测、优化、仿真、评价等技术对系统的各有关方面进行定性与定量相结合的分析,为选择最优或满意的系统方案提供决策依据的分析研究过程。"

3）本体分析法

本书以视觉数据中的"施工活动场景"为研究对象,构建对其进行智能化解析的方法。在构建方法的理论框架过程中,本书采用本体分析法①对视觉数据中的施工活动场景按照本体进行解构,然后将解构提取得到的场景要素与自然语言按句法结构进行匹配,并最终形成了统一且规范化的本体解构流程框架和语义表征理论框架。

4）实验研究法

针对由系统分析法提出的关于视觉数据驱动的施工活动场景智能解析方法的理论框架,本书将继续采用实验研究的方法对在理论框架中提出的方法实现解析施工活动场景的理论框架和方法实现其智能化的研究路径两个方面内容的验证。首先,假设本书设计的方法解析理论框架和选择的智能化技术方案可以实现本书拟构建方法的两个方面目的:实现对视觉数据中施工活动场景的整体性解析,通过构建视觉描述模型实现其全过程解析的智能化。最终实验验证的结果需对所提出假设的验证效能做出判定。

1.5　技术路线和章节安排

1.5.1　技术路线

本书将遵循"提出问题、分析问题、解决问题"的基本思路对"如何构建视觉数据驱动的施工活动场景智能解析方法"这一科学问题展开研究。在基于现实背景提出研究问题后,以场景理论和知识图谱理论为依据,以 CV 和 NLG 作为

---

① 本体是指一种"形式化的,对于共享概念体系的明确而又详细的说明"。在本书中,对"施工活动场景"所代表的在视觉数据中的意象按照其场景的概念拆解成场景要素(实体、关系和属性),这一过程被称为场景的解构。那么,本书所构建的基于视觉数据的施工活动场景本体解构流程框架则是对上述这一规范且统一的解构流程的说明。

解决问题的技术支撑,本书将逐步进行"理论框架构建""方法体系设计""方法的模型验证"和"方法测试"等研究工作,技术路线如图1.1所示。

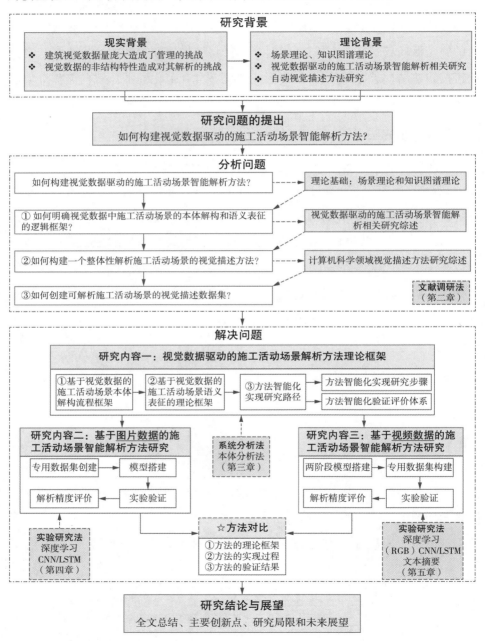

图1.1　研究的技术路线图

1.5.2 章节安排

基于以上阐述,本书共分 6 章,各章主要内容如下:

第 1 章为引言。首先,阐明了本书的研究背景和研究问题;其次,在对相关研究进行系统思考的基础上,明确其研究目的及意义,并对相关的核心概念进行预先界定;最后,提出本书的研究内容、研究方法及技术路线。

第 2 章为本书的理论基础和相关研究综述。首先,介绍了场景理论和知识图谱理论以及总结了上述理论对本研究的重要启示;其次,对基于视觉的施工活动场景的智能解析相关研究进行综述以及研究述评;最后,对自动视觉描述方法进行综述以及研究述评。

第 3 章为视觉数据驱动的施工活动场景智能解析方法理论框架。本章总共包括四个部分内容:首先,明确构建视觉数据驱动的施工活动场景智能解析方法总体解决思路;其次,构建基于视觉数据的施工活动场景本体解构流程框架;然后,构建基于视觉数据的施工活动场景语义表征理论框架;最后,明确本书构建视觉数据驱动的施工活动场景智能解析方法的研究路径。

第 4 章为基于图片数据的施工活动场景智能解析方法的实验研究。首先,以第 3 章中提出的理论框架为依据,创建专门的以施工活动场景为主题的图片描述数据集;其次,搭建自动生成图片描述句的深度学习模型;然后,通过实验研究,用已创建的专用图片描述数据集训练模型,并对实验结果进行评估和分析,进而验证该方法的可行性;最后,综合实验验证和测试结果,比较该方法中模型架构和数据集差异,通过计算,从测试结果中检索场景要素的精度来验证了本方法对于施工活动场景的解析性能。

第 5 章为基于视频数据的施工活动场景智能解析方法的实验研究。首先,提出了一个两阶段的视频描述模型架构,包括自动生成密集视频字幕和文本摘要两个阶段;其次,根据第 3 章的理论框架,笔者专门创建了以施工活动场景为主题的密集视频字幕数据集和长视频摘要参考数据集。然后,通过实验研究,用已构建的专用数据集训练上述深度学习模型，并对模型进行验证以及测试方法整体的解析能力；最后，从方法的理论框架、方法的实现过程及方法的验证结果三个层面对比了基于视频数据和基于图片数据的施工活动场景智能解析方法。

第6章为研究结论和展望。首先，对全书的主要研究内容进行总结陈述；其次，总结了本书的主要创新点；最后，指出了本书存在的局限性和未来可能的研究方向。

第 2 章　理论基础和相关研究综述

本章主要介绍本书的理论基础和相关研究综述。首先,本书相关的理论基础主要有场景理论和知识图谱理论,分析以上理论以给本书寻求解决问题的思路提供重要的启示。其次,对视觉数据驱动的施工活动场景智能解析相关的研究现状进行综述,总结了现有研究对视觉数据中施工活动场景的智能解析思路,明确其特点与不足,以为本书探寻更优的解析思路提供理论上的参考。最后,对自动视觉描述方法进行综述,以为本书后续的实现方法智能化的研究过程提供明确的指引。

2.1　理论基础

2.1.1　场景理论

"场景"的概念在不同领域和不同的时代下具有不同的含义[18]。最开始在影视领域中应用,场景被定义为在特定空间环境和时代背景下用于烘托角色形象与个性特征的自然环境、人工环境和社会环境的总和[60]。20 世纪 50 年代,Goffman[61]首次提出场景主义理论,并强调了场景即为在具有知觉障碍限制的场所,人在该场所中的行为也将受到场所有限范围的限制。随后,Meyrowitz[62]在 Goffman 的观点基础上进行了拓展,于 1985 年提出"是媒介技术造就的新情景"，认为电子媒介(电视)的出现刷新了此前所有关于场景含义的解释，新媒介的出现造就了新的情境，这种新情境打破了外界环境与个人情境在物理层面的界限，进而影响了个人在公共社会中所扮演的角色和可能发生的行为[62]。

在传播学领域，Scoble 和 Israel[63]明确指出现有五大类技术(移动设备、社交媒体、大数据、传感器和定位系统被称为"场景五力")为场景的分析和应用提供了有力的支撑。到了移动互联时代，场景被认为是技术发展带来的产物，尤其受到移动互联技术的推动作用，那么，弄清适应不同场景所需的信息和服务应是场景分析的主要目的[16]。例如，喻国明[64]同样从技术发展的角度看待场景，在"场景五力"的认识基础上，认为目前的场景还涉猎了虚拟现实、增强现实、AI 等新兴技术，通过构建场景分析模型对场景的本质进行深入的探究，并肯定了移动互联时代的场景对于重构社会关系有着重要的作用和意义。

在互联网时代的"场景"概念的基础上，智能化人机交互领域的"场景"概念应运而生。场景被认为是人和他们所从事活动的故事，是构建智能人机交互系统的基础[18]。智能化人机交互领域的场景有助于人类创建为生产和生活服务的智能信息系统和应用程序。场景本身所具备的客观性和针对性，有助于智能系统开发人员开展在设计、搭建和管理方面的工作[18]。

综上所述，场景理论在不同领域和技术发展背景下有不同的解释，但无论在哪个领域，对场景内涵的解释和实际应用，无一不在强调着场景时代的到来和场景应用的重要性都与该领域的技术发展现状息息相关。其目的是将场景与人类的生活资料和生产资料紧密地联系起来，以创造更好的生活体验或工作绩效。同样地，在建设管理领域，近年来，越来越多的研究聚焦于采用类似"场景五力"将施工活动场景与智能施工管理紧密联系起来。例如，传感器[65-69]、定位系统[70-73]、虚拟现实[74]、增强现实[5,75,76]、混合现实[77]和人工智能[78]等技术也被广泛应用到施工管理中来，并被证明取得了良好的成效。

2.1.2 知识图谱理论

知识图谱(Knowledge Graph)是 2012 年由谷歌提出的[79]，明确指出知识图谱以结构化的形式描述客观世界中的概念、实体及其关系,将网络信息传递成更接近人类认知世界的形式,从而提供了更好的组织、管理和理解海量互联网信息的能力[19]。知识图谱的本质是由实体和概念以及实体之间的关联关系构成的语义网络知识库[19,20]。

鉴于友好的数据结构有助于提升大数据的存储、分析、数据处理能力辅助大数据应用,足够丰富的语义关系可实现对知识的精细分析和精准推理,以满足大数据对智能服务的实际需求[19]。与传统的语义网络相比,大数据时代下的知识谱图构建需要从结构化、非结构化和半结构化数据源中获取实体、属性以及关系,进而需要利用词性标注、实体识别、关系抽取等技术从各类数据源中提取特定类型的信息,通过信息归并、冗余消除和冲突消解等手段将非结构化文本转换为结构化信息,再通过信息集成技术中实体链接和共振消解实现知识融合。知识图谱的典型应用智能检索系统主要利用了自然语言处理(Natural Language Processing,简称NLP)的句法语义分析技术以及信息检索、文本生成技术,正确理解用户的信息需求,从中抽取关键信息与知识图谱进行检索匹配,最终将获取的相关信息或文件反馈给用户。

知识图谱的生成一般包括三个主要的步骤,包括知识信息抽取、知识融合和知识加工,其整体的生成流程如图2.1所示。首先,由于数据源包含了结构化数据、半结构化数据和非结构化数据,信息的抽取是将从半结构化数据和非结构化数据中抽取实体、实体间的关系和属性,并形成本体的知识表述[80]。知识融合的主要工作是把结构化数据、信息抽取得到的实体信息与第三方知识库进行实体对齐或实体消歧,这一阶段输出的是数据源融合的各种本体信息。知识加工包括对知识融合后的本体信息进行质量评估以生成符合要求的知识图谱,同时知识推理也可作为对知识图谱的补充。

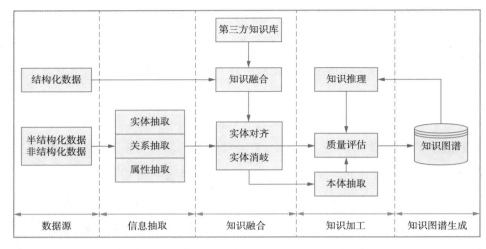

图 2.1　知识图谱的生成流程示意图

2.1.3　理论启示

场景理论和知识图谱理论分别从不同的视角为进一步明确本书的研究问题的意义以及提供总体的解决思路方面具有重要的启示作用。

首先，场景理论为本书理解"施工活动场景"这一关键概念的具体含义提供了参考依据，即在当前互联网和施工管理智能化发展并行的时代背景下，"施工活动场景"被理解为建筑工人及其参与的施工活动作为一个事件的总和，该定义将有助于笔者在研究过程中始终能清晰地认识和把握本书的研究对象。

其次，在本书提出"如何构建视觉数据驱动的施工活动场景智能解析方法"这一研究问题的基础上，目前场景理论研究领域对场景分析目的的解释，将有助于进一步明确本书研究目的和研究任务——解析施工活动场景的目的在于使解析的结果适应于施工活动场景本身存在的意义和需求，即实现视觉数据驱动的施工活动场景解析方法应实现对视觉数据内容的本体解析，以及服务于建筑视觉数据的管理和应用于智能施工管理等多个层面的需求。这与本书提出研究问题时发现的现实挑战不谋而合，因此场景理论也有力地证明了本书所提出的研究问题的科学性。

最后,知识图谱的生成逻辑框架对于本书探求视觉数据驱动的施工活动场景智能解析思路提供了重要的启示作用。视觉数据作为典型的非结构化数据,本书将基于知识图谱的生成架构,从信息抽取和知识融合阶段的层面对视觉数据中的施工活动场景进行智能化的解析。具体实施步骤可以是:首先需要对视觉数据进行结构化的分析,透析出视觉数据中关于施工活动场景的本体信息,即对视觉数据中的实体、实体间的关系以及实体的属性等信息进行抽取,然后再与语义知识相融合形成基于建筑视觉数据的施工活动场景知识图谱。

2.2　视觉数据驱动的施工活动场景智能解析相关研究综述

智能解析施工活动场景的相关研究均采用了计算机视觉和深度学习算法相结合的方法,其研究主题具体可分为四大类:施工现场的目标检测、人员或机械的动作(或姿态)识别、施工活动识别和综合场景分析。上述研究均采用统一的研究思路:以包含了施工现场实时画面的图片或视频作为源视觉数据,从施工现场的视觉数据中获取所需的关键施工活动信息,再应用计算机视觉领域的图像处理技术和深度学习算法来处理数据,最后根据提取出的特定场景信息和处理过后的结果进行智能化辅助施工管理决策。然而,在这些不同类别研究中,关于提取视觉信息和最终显性化表征施工活动场景要素的内容和过程却存在差异性,接下来将依次对不同类别的研究中对施工活动场景的解析思路进行归纳和分析。

2.2.1　目标检测

目标检测的视觉任务对应了对视觉数据中施工活动场景相关的建筑工人、施工机械或可见物资等单一实体的识别。近年来,目标检测一直是 CV 领域的热点研究主题,具体细分下来,常见的 CV 任务有目标检测、目标跟踪和图像语义分割。在施工管理智能化的研究领域，现有研究主要有三种数据处理方法用于实现检测和跟踪施工现场实体：

①参数化方法，例如，对建筑工人的身体标记以进行视觉化的跟踪[81]。

②基于传统机器学习的方法，例如，采用 CV 和传统机器学习对建筑工人进行持续检测和定位[7]；对施工现场的设备进行识别和跟踪[82-85]；通过无人机采集视觉数据，并应用传统机器学习算法自动检测室内组件等[86]。

③基于深度学习的方法，对设备的自动检测（例如，对下水道管道的自动检测[21]），监测建筑工人的不安全行为（例如，不佩戴安全用具[22]和滥用安全梯[23]），以及追踪建筑设备的位置（例如，铲车、汽车、卡车、压路机、挖掘机和工人[1,24,87-91]）等。语义分割是基于对图像中实体的颜色标记法来识别和列出图像中同时存在的多个实体[37,38]，例如，Kim 等[37]提出了一种数据驱动的场景解析方法以识别建筑视觉数据中的各种实体；Rahimian 等[38]开发了一个系统，包括目标检测和语义分割等功能，以识别不同的建筑主体结构单元。

上述关于施工现场目标检测任务的实现，是通过构建机器学习模型、用数据集训练模型并最终实现对象检测过程的自动化[40]。数据集中的样本是由视觉对象和与之严格对应预设标签组成的，其解析的对象为单一的实体，最终对解析结果的表征采用了文本标签对识别出的实体进行类别标记的方式（图2.2）。然而，这种严格且固定的视觉对象与语义文本标签相对应的解析思路仅仅适用于对施工活动场景中单一实体的检测任务，尚不能满足对具有多个实体和关系组合的施工活动场景进行解析的需求。

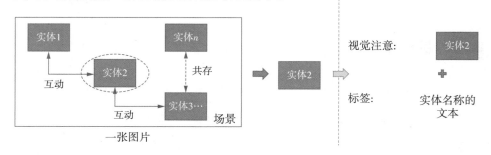

图 2.2　目标检测任务中的施工活动场景解析过程示意图

2.2.2 动作或姿态估计

在建设管理研究领域,基于视觉的动作或姿态估计任务指实现智能化地理解和分析摄像机捕获的建筑工人的形体姿势或机械设备的结构形态这一过程[92],常用的研究方法主要采用计算机视觉和深度学习算法,与目标检测不同之处在于此类研究强调了人体或机械设备本体结构(肢体、关节等要素间关系)的视觉特征,进而将人体或机械设备实体作为整体进行分析[93,94]。

建筑工人姿势的估计方法涉及两大类的应用研究。一方面,该方法有利于提高对建筑工人整体及其姿态的识别正确率。例如,Son 等[91]通过应用深度学习算法改进工人的识别和跟踪方法,尤其针对不同姿势和复杂背景下的建筑工人进行识别,提高了识别的准确率和跟踪效果;Chen 等[95]通过构建对建筑工人的运动张量分解方法实现对建筑工人姿势的识别;Zhang 等[96]基于单个相机获得的三维视图,采用计算机视觉和深度学习对建筑工人进行了人体工程学层面的姿势估计研究。另一方面,该方法可应用于评估建筑工人的身体疲劳状态、估计工人的安全行为以及根据工人姿态估计所从事的施工活动等。具体而言,通过估计建筑工人的身体形态和测量实际的负荷来量化工人的真实工作量和评测其身体疲劳程度[25-28]。例如,Yu 等[27]使用基于视觉的三维姿态捕获、智能鞋垫获取人体负荷数据以及人体工程学理论来综合评估建筑工人的真实工作量,该方法依据真实数据进行生物力学分析,然后对工人的身体疲劳程度进行评估。该方法可以从人体工程学的角度来监测和评估现场工人的安全风险[97]。Yan 等[29]通过开发一种姿态识别技术来预防施工过程中的安全风险,该技术融合了基于普通 2D 摄像机的二维骨架运动中的视点不变特征和人体工效学理论。通过采用计算机视觉和深度学习算法,自动分析估计建筑工人的姿势来预判工人正在从事的施工活动[98]。

机械设备的姿态估计方法常应用于提高对机械设备工作状态的识别效率[31]和提高设备生产效率[32]。例如,Golparvar-Fard 等[30]采用计算机视觉和机器学习算法对正进行土方工程施工的设备进行单个动作轨迹的自动化识别。Soltani 等[99]采用计算机视觉、多方位 RGB 相机布置策略、图像合成技术和机器学习的综合分析方法对挖掘机的"骨架"形态进行自动化估计；随后，Soltani 等[100]采用了立体视觉的方法对现场的机械设备进行自动姿态估计的同时加入了实时定位的功能。Luo 等[101]开发了一种用于自动估计现场施工设备全身姿态和运动状态的新方法，以避免施工现场发生潜在的碰撞事故，进而保证更安全的现场环境。

　　总体而言，基于视觉的建筑工人或机械设备的姿态识别方法是以目标检测方法为基础的，具体通过检测和追踪实体（将工人或机械当作一个整体的对象）结构内部的几何要素（例如，人体的关节、四肢及其几何关系，挖掘机的机械臂、链接点和角度等），然后结合了工效学（Ergonomics）的基本原理，通过综合分析其内部要素在时间和空间上的互动或共存关系来判断该实体的动作或姿态。那么此类研究关注的对象就是实体内部的结构构成和运动特性，其中解析的关键信息为内部组件之间的关系，最终的表征内容为实体内部要素间关系的总和，并用语义文本对这些识别出的关系进行标记（图 2.3）。这种解析实体内部结构和内部组件之间关系的方式对于解析具有多个实体和多个实体间关系组合的施工活动场景而言依然存在局限性，外部多个实体、关系以及属性构成的施

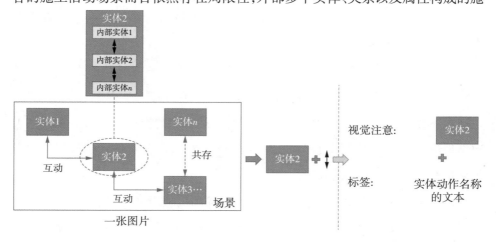

图 2.3　动作或姿态估计任务中的施工活动场景解析过程示意图

工活动场景所代表的是一个完整的事件,对事件进行解析,其关注的焦点不应仅仅是某一个实体的某种状态,而应兼顾多个实体为完成一个事件而互相产生关联关系的总体状态。

2.2.3　活动识别

活动识别,是一种把视觉数据中检测到的实体或实体间的关系与预测得到的活动名称标签匹配起来的自动化过程。这里的实体间关系是指施工活动场景中实体之间的共存和互动关系,根据实体及其关系整体的特点可以判断出其所属的施工活动[35]。在建设管理领域,活动识别相关的研究对象主要涉及建筑工人及其所参与的现场施工作业[23,33-36],主要通过自动解析活动场景内的建筑工人、施工工具以及操作对象之间的互动或共存关系来实现的[35]。Yang等[33] 从 5 个不同的行业中抽象出 11 种常见工人的行为类型来对建筑工人的行为进行全面研究,并创建一个全新的视频数据集被应用于动作识别,该数据集一共包含了 1 176 个与现实施工活动实例相关的密集视频片段。对于特定应用场景的活动识别,Ding 等[23]通过集成 CNN 和 LSTM 开发了一种全新的组合深度学习模型,该模型可以自动识别施工活动中建筑工人的不安全行为。Luo等[35]构建了一种识别静态图像中不同施工活动的方法,方法一共分为两步:首先应用 CNN 检测出 22 种与施工作业相关的实体,然后定义实体间的语义相关性(表示两个实体在建筑活动中互动或共存的可能性)和空间相关性(表示在二维像素的图像坐标中的接近),共识别出 17 种施工活动的相关联模式;经后续的进一步改进和应用,施工活动识别还可用于测量建筑工人的劳动生产率[34]。

活动识别任务侧重于通过探索实体之间的关系来解析施工活动,识别这些实体之间的关系比目标检测任务更为复杂,其最终的表现形式通过语义文本表示单一的动作或具体的工作类型(图 2.4)。对于施工活动场景而言,施工活动是其重要的组成部分,在活动识别任务的视觉解析过程中,对施工活动场景的核心要素(实体和实体间的关系)的提取是相对完整的,但在最终的表征方式上不符合描述一个事件的逻辑，仅仅是标记出了事件的类别，也就是活动的类别，并没有将客观的施工活动场景所包含的场景要素按照描述事件的逻辑进行展现。

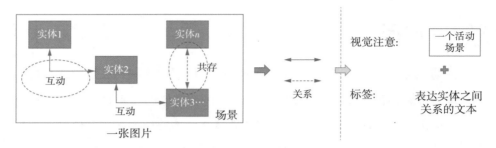

图 2.4　活动识别任务中的施工活动场景解析过程示意图

2.2.4　综合场景分析

施工活动场景的综合性识别和分析对应了通过计算机视觉和深度学习等智能化方法对施工活动场景中多个实体和多实体间的关系的综合分析。建设管理领域中基于视觉的场景分析研究可分为两大类：一是采用语义分割对视觉画面中的所有实体进行同时检测和标记的过程[37,38]；二是通过匹配特定的场景对现场图片进行分类。例如，Wang 等[39]研发了一种用于安全检查的组合方法，为具有违反安全规则的复杂施工场景的图像自动贴上对应的标签，其研究目的是尽量减少发出虚假的安全警报，同时保持在可接受的警报错误率范围内。

以上方法围绕是否违反安全规范这一特定场景主题对视觉信息进行解析，并与表示安全规范的文本标签相匹配，最终对于现场图像中场景表征是安全规范违规标签文本与违规图像相结合的方式。这里的安全规则违规标签是对场景的一种笼统标记而非本体化的描述，即忽略了与之相关的实体、关系及其属性类的场景要素。换言之，该方法对施工活动场景的解析是通过将施工活动场景视为一个抽象的整体，然后通过对这个抽象的场景概念进行自动匹配命名的过程,相关的解析过程如图 2.5 所示。之所以称其为抽象的场景概念,是因为该方法最后实现的场景表征并没有反映出将施工活动场景当作一个客观事件来进行解析,无法直接反映出场景的直接构成要素(实体、关系及属性等)。

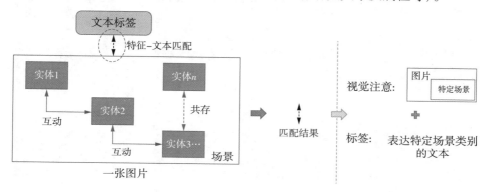

图 2.5　综合场景分析任务中的施工活动场景解析过程示意图

2.2.5　研究述评

上述四类研究对视觉数据中的施工活动场景进行本体解构和表征的思路各不相同,依次对应着:单一实体的识别与表示,单一实体内部结构和关系的综合识别与表示,实体间单一互动或共存关系的识别与表示,以及多实体-多关系的综合解析和抽象化表示。以上四大类研究的图像标记示例如图 2.6 所示,相对应地,针对各类研究中对施工活动场景解析的内容和解析结果的表征情况进行归纳总结(表 2.1),表 2.1 的分析过程与图 2.6 中现有四大类方法一一对应。

首先,图 2.6 直观展示了既有研究中对视觉数据中的施工活动场景进行解析和标记的图像示例,涉及的视觉任务主题如图 2.6 所示。

然后,表 2.1 呈现了上述四大类研究中关于对视觉数据中施工活动场景进行智能解析的思路。具体而言,既有研究对视觉数据中的施工活动场景进行解构、提取和表征等步骤的特点各有不同,但也有以下两个方面的共性:

①对施工活动场景要素大多是单独提取的,即单个实体、单个实体—实体的关系或实体的某个特定属性。

图 2.6　基于视觉的施工活动场景解析研究主题分类示例

表 2.1　视觉数据驱动的施工活动场景解析思路分类

类别	解析的对象	结果的表征	对应图 2.6 中的示例
目标检测	单一实体	视觉注意：单个实体 标签：文本表示的实体名称	（a）；（b）；（c）；（d）
动作或姿态估计	单一实体内部结构的内部组件之间的关系	视觉注意：单个实体 标签：文本表示的实体动作或姿态的名称	（f）；（g）
活动识别	实体间的互动或共存关系	视觉注意：单个施工作业相关的实体 标签：文本表示的活动名称	（h）；（i）；（j）
综合场景分析	特定场景（多个实体组成的场景）与预设标签的匹配关系	视觉注意：所关注的整个场景 标签：文本表示的抽象场景类别名称	（e）

②在提取出场景要素后，也都是通过自动生成单个单词或短语作为视觉内容的文本注释来实现输出结果的表征过程的，且方法均是采用深度学习算法来实现其解析过程的自动化的。

　　由此可见,既有研究中对视觉数据中施工活动场景的解析思路尚不满足于对施工活动场景进行整体性解析的需求,因为解构和表征一个整体的施工活动场景需同时涉及多个实体及其之间的关系和属性。因此,本书需围绕现有研究中无法对施工活动场景进行整体性解析的不足,在后续构建新方法的研究中进行完善;另外,现有研究中均采用深度学习方法来实现其解析过程智能化以及应用语义文本对应视觉信息的方式对解析结果进行表征是值得本书借鉴的。

2.3　自动视觉描述方法研究综述

　　视觉描述或图像描述(Visual Description 或 Image Description)作为目前的研究热点,是实现图像理解最为直接的方式之一,指利用 AI 的方法使计算机能够自动化地针对所感知的视觉信号生成自然语言描述的过程[103]。根据输入视觉信号的载体的不同,将现有的视觉描述方法分为两大类,一是对图片数据的自然语言描述方法,被称为图像字幕(Image Captioning)(本书也称作图片描述);二是对视频数据中的视觉信息的语句描述方法。与静态图像(图片)数据不同,视频所包含的信息形式更加多元化,有图像信息和音频信息两种,而且图像也是动态的,因此对视频中视觉信息的自动描述的方法更加复杂多样。目前,研究主要有以下几种类别:视频字幕(Video Captioning)、密集视频字幕(Dense Video Captioning)、视频故事/段落生成(Story Telling or Paragraph Generation from Videos)和视频问答(Video VQA)。

　　其中,图像字幕、视频字幕和密集视频字幕之间的区别[104]如图 2.7 所示。实例中钢琴演奏会的活动几乎贯穿了整个视频,然而,"鼓掌"是一个持续时间非常短的事件,只发生在视频的结尾时段;图像字幕技术在视频的末尾帧识别出的事件仅仅是"鼓掌",而实际上这是由此前的事件("钢琴演奏")引发的"鼓掌"事件;然而密集视频字幕可以很恰当地将整个事件过程中的微场景进行一一描述,还原了事件发生的过程,更加符合"场景是故事"的定义。因此,为保证对视频数据中施工活动场景的解析的合理性,本书将采用密集视频字幕和长视频描述相结合的方法开展后续的基于视频数据的施工活动场景智能解析的研究工作。

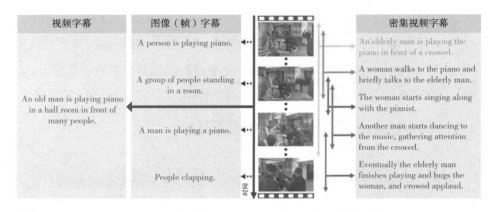

图 2.7　图像字幕、视频字幕和密集视频字幕之间的区别示意图

2.3.1　图片描述模型

图片描述方法是指针对图片数据自动生成与视觉内容相对应的描述语句作为字幕标注的过程。实现该任务的基本思路为通过计算机读取图片,并根据其具备的视觉理解力将读取的视觉信号翻译成句子或段落。这样的操作对人类来说都是很容易的,但对机器来说却存在挑战性。生成字幕不仅需要识别图像中的实体并找到它们之间的关系,还需要用自然语言表达该对象的中心思想,匹配到图片的语义信息,并生成可被人类直接接收的通过自然语言传递和表达的语句信息。以上过程实现的是典型的人机交互的智能化过程,通过 AI 技术将视觉中的场景与人类链接起来,以服务于更深层的、后续的智能化应用。现有研究表明,与该方法相适应的技术主要为 CV 和 NLG 交叉领域的技术。

近年来,发展迅速的 DNN 技术被成功地应用于机器视觉、机器翻译和声音识别等领域中。DNN 的设计是为了通过利用反向传播逻辑来适应越来越抽象的学习和知识表示过程[105]。另外,学者们在序列建模(Sequential Modeling)方面也取得了显著的成果,例如,前馈网络(Feedforward Network)[106,107]、对数双线性模型(Log-bilinear Model)[108]和递归神经网络(Recurrent Neural Network)[109]的出现,其中长短时记忆(Long Short-Term Memory,简称 LSTM)[110]模型是目前在语言建模任务方面应用得最广泛的 RNN。

　　"编码器-解码器"框架(Encoder-Decoder Framework)是一种典型的 NLG 模型框架,其中使用"编码器"RNN 将输入数据编码成向量表示,然后再通过"解码器"RNN 在辅助自然语言输入的同时将向量表示进行解码[41]。编码和解码之间的解耦作用促成了模型在多任务学习环境中共享编码向量,进而达到完成多个 NLG 任务的目的[111]。"编码器-解码器"框架最早应用于机器翻译任务,其中输入的关于源语言可变长度序列需要映射到目标语言的可变长度序列,被称为 Seq2seq 模型[41],其模型架构如图 2.8 所示;Seq2seq 模型后来也被应用于NLG 任务中,用于实现从抽象意义中生成文本的任务,例如从 web 页面图片中生成对应 html 代码[112]。

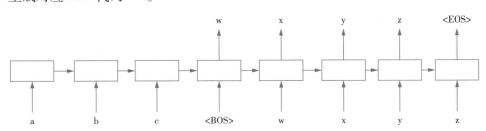

图 2.8　Seq2Seq 模型架构示意图

　　遵循机器翻译的模型框架,有学者进一步开发了自动生成图片描述的方法,通过量化将图像"翻译成"句子的可能性得分来判断生成结果的质量[113]。近年来,越来越多受机器翻译模型中"编码器-解码器"框架启发的图片描述模型被提出,即以 CNN 作为"编码器",RNN 作为"解码器"[114-121]。在对图像进行编码的阶段,通过应用 CNN 将图像特征信息转化成一个固定长度的向量作为输入图像的表示,从而使输出的向量表示可以应用于后续的各种视觉处理任务[122]。在解码阶段,LSTM 模型仍然是主要用于句子生成的"解码器"RNN 之一[114-117,121]。有学者证明利用 LSTM 模型作为"解码器"RNN 进行句子生成,进一步改进了基于原始的 RNN 作为"解码器"的图片描述生成效果[115]。其原因在于,图片描述的数据往往都是长序列的,采用原始的 RNN 来处理长序列数据时,随着训练 RNN 的时长和网络层数的增加,训练过程容易出现梯度爆炸或梯度消失的问题,进而导致无法获取长序列数据中所包含的信息,然而 LSTM 作为一种特殊的 RNN 在递归单元的内部结构方面进行的改进,避免了在其训练过程中出现梯度爆炸或梯度消失的问题[123]。因此,以上论述也是本书选择"编码器"CNN 和"解码器"LSTM 的框架作为本书构建图像描述模型的基本框架的重要理论依据。

2.3.2 视频描述模型

自动生成描述视频内容的自然语言句子同样由两个步骤构成:理解视频中的视觉内容和用自然语言句子进行自动化的描述。与图片描述相比,视频描述的任务相对更具挑战性,因为并非视频中整个时段出现所有的对象或场景都需要被描述出来[124]。此外,视频描述方法还必须捕获相关对象的速度、方向以及事件、动作和对象之间的因果关系。最后,视频中的事件可能具有不同的长度,甚至可能导致事件的重叠等[125]。视频描述相关的研究根据所采用方法不同和持续的发展可分为三个主要阶段:传统方法阶段、统计方法阶段和深度学习方法阶段。

传统方法阶段:开创性地将 CV 和 NLG 领域的经典方法相结合用以检测视频中的关键视觉信号(对象、动作、场景等信息),然后将这些关键的视觉信号与标准的自然语言句子模板相对应,这类方法被称为 SVO("主—谓—宾")三元组匹配法[124,126]。Kojima 等[126]最早提出的针对视频的自动描述方法主要应用于描述"一个人只执行一个动作"的视频。该方法的主要缺点是不易扩展到更复杂的场景,如包含多个参与者、时间信息,以及捕获事件之间因果关系的情况。Hakeem 等[127]改进了 Kojima 等[126]所做的工作,提出了一个采用了层次化案例展示的案例扩展模型（CASE^E），考虑了多个事件、时间信息和事件之间的因果关系，最终实现了用自然语言对视频中的所有事件进行描述。Khan 等[128]引入了一个框架来描述与人相关的内容，比如使用自然语言句子描述视频中人的动作和情绪；开发并实验了一套传统的从视频帧中提取感兴趣的高级实体的图像处理技术，包括人脸检测[129]、情绪[130]、动作检测[131]、非人对象[132]和场景分类[133]。Lee 等[134]提出了一种在三阶段的基于语义的视觉内容注释的方法，即图像解析、事件推理和语言生成。Hanckmann 等[135]提出了一种方法来自动描述涉及了多个动作（平均 7 个）的事件，由一个或多个人执行。

统计方法阶段：采用统计方法处理相对较大的数据集，如 YouTube Clips[46]、TACoS-MultiLevel[136]、MPII-MD[137]等。这些数据集包含非常大的词汇量和几十个小时时长的视频。这些开放域的数据集和以前的数据集有三个重要的区别：第一，开放域的视频包含了不可预见的各种主题、对象、活动和地点。第二，由于人类语言的复杂性，以上数据集中采用了多个可行的有意义的描述对视频进行注释。第三，要描述的视频通常很长，有的甚至会延伸好几个小时。为了避免采用传统方法耗费大量的人力，Rohrbach 等[138]提出了一种将视觉内容转换为自然语言的机器学习方法，他们使用了视频内容相匹配的语料库。方法遵循了两步：第一，使用最大后验估计算法（Maximum a posteriori probability estimate，简称 MAP）学习将视频信息转化为语义标签；第二，利用统计机器翻译（Statistical Machine Translation）[139]中的技术，将语义标签翻译为自然语言。在这种机器翻译方法中，语义标签表示是源语言，而预期的注释被视为目标语言。在对视频中对象和活动进行识别的阶段，该研究从早期常用的基于阈值的检测方法[126]改进为使用人工特征标记和传统分类器算法相结合的方法[140-143]。在句子生成阶段，近年来越来越趋向于采用机器学习方法来解决大词汇量的问题，当前阶段所构建方法主要采用的还是"弱监督"的[136,138,144,145]或"完全监督"的[141,142,146]机器学习算法，因此模型依然依赖于大规模词汇和视频数据集。上述方法中两个阶段的分离使得方法无法捕捉视觉特征和语言模式的相互作用。随着后续深度学习方法的兴起,逐步解决上述关于开放领域视频描述所面临的语言复杂性和领域可转移性问题。

深度学习方法阶段:深度学习几乎在 CV 的所有子领域都取得了成功,也彻底改变了视频描述方法的运算逻辑。DNN 依然是构建基于深度学习的视频描述模型的重要组成部分,其中 CNN 擅长于目标检测[147,148]等任务,是对视觉数据处理任务进行建模的最先进技术;一般的 RNN 和 LSTM 目前主导着序列建模领域,已在机器翻译[41,149]、语音识别[150]和与图片描述[116]密切相关的任务领域得到广泛应用。尽管传统的方法难以处理大规模、更复杂和多样化的视频描述数据集,但研究人员已经通过不同配置的组合使这些 DNNs 实现了视频描述方法的良好性能。遵循基于深度学习的模型架构[151,152],这些方法采用 2D/3D-CNN 编码视觉特征,并使用 LSTM 或门控递归单元(Gated Recurrent Unit,简称 GRU)来学习序列。视频描述的深度学习方法同样依次分为两个阶段,即编码阶段(视觉内容提取)和解码阶段(文本的生成)[104]。图 2.9 显示了一个简单的基于深度学习的视频字幕模型框架。在编码阶段,通过提取视觉内容生成词汇标记,即生成表示视觉特征的固定或动态的实值向量,CNN,RNN 或 LSTM 可被用来学习这些视觉特征;在解码阶段,可使用不同种类的 RNN(如 Deep-RNN、Bi-RNN、LSTM 或 GRU)联合单词嵌入模块(Word Embedding)和解码第一阶段输出的实值向量来实现文本的生成,由此产生的视频描述可以是一个或多个句子[104]。

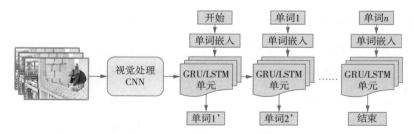

图 2.9　基于深度学习的视频字幕模型解构示意图

2.3.3　视觉描述数据集

尽管当前深度学习在视觉描述方法研究领域得到广泛且深入的应用,但绝大多数视觉描述模型的学习模式仍旧属于"完全监督"或"弱监督"的学习模式,实现这些自动视觉描述的方法必须依赖于数据集对深度学习模型的训练。基于深度学习的方法比传统的机器学习方法更能处理复杂的 NLP 任务,同时对所需数据集的规模和质量要求也更高。在 CV 领域,现有的大型视觉描述数据集(例如,图片描述数据集有 Flickr8k[42]、Flickr30k[43] 和 MS COCO[44],视频字幕数据集有 YouTube Clips[46]、TACoS-MultiLevel[136]、MPII-MD[137]、MSR-VTT[45] 和 MSVD[46])的规模和质量是足以支撑基于深度学习的视觉描述任务的,但是这些大数据集并不符合本书的研究主题。主要有以下两个方面的原因:

其一,这些数据集要么是与建筑施工活动场景毫无关系的特定领域的数据集,要么是开放领域的数据集,其中包含的主题大多数与日常生活相关,极少部分涉及了复杂的施工活动场景主题。

其二,本书拟采用视觉描述方法的基本框架来指导实现本书关于视觉数据驱动的施工活动场景智能解析方法的设计与验证,那么这些既有的大规模视觉描述数据集中对视觉的描述逻辑也达不到本书对于视觉数据中施工活动场景的解析要求,即对视觉数据中以"建筑工人及其参与的施工活动作为一个事件的总和"作为施工活动场景的整体进行解析,最终生成的语义表征句子需描述出整体性的施工活动场景。因此,为切合本书的研究主题,在后续的研究中,笔者将进一步开发全新的符合本书拟构建方法的解析要求的视觉描述数据集。

2.3.4　视觉描述方法的评价

现有的研究主要从两个层面对视觉描述方法进行评价:一是采用当前 NLG 领域常用的自动评价指标对视觉描述模型自动生成语句的性能进行自动评价;

二是对方法的测试结果进行人工评价。

1）自动评价指标

当前在 NLG 领域有一系列自动评价指标可以对模型生成的句子的性能进行自动评价,并且得到具体的指标分值,然后通过与同领域的其他相关研究的结果作对比,评分更高,说明该方法实现视觉描述的效果更好。其中,如果两个研究采用的是同一个大数据集和各自新建的视觉描述模型,也可以通过最终结果对模型本身性能的好坏做出判断。其中,最常见的 NLG 自动评价指标有 BLEU（Bilingual Evaluation Understudy）指标[153]、ROUGE（Recall-Oriented Understudy for Gisting Evaluation）指标[154]、CIDEr（Consensus-based Image Description Evaluation）指标[155] 和 SPICE（Semantic Propositional Image Caption Evaluation）指标[156] 等。

①BLEU 通过计算生成句和参考句在单个单词（1-gram）层面或多个连续单词（n-gram）层面的匹配程度。如若在匹配度计算过程中,单词（序列）及其顺序完全匹配,即匹配度为 100%,BLEU 评估将得 1 分。其中,某个图片或视频样本中的参考句子的数量越多,得高分的概率就越高[157]。

②ROUGE 是率先被提出来自动评估文本摘要的一套指标[154]。与 BLEU 一样,ROUGE 的版本首先也是通过改变 n-gram 中 n 的数量来定义的,记作 ROUGE-N。然而,与基于精度（Precision）的 BLEU 不同,ROUGE 是基于召回率值（Recall rate）的。此外,除了 n-gram 中 n 的变化产生 ROUGE-N 的变体之外,还有其他版本被称为 ROUGE-L（Longest Common Subsequence）、ROUGE-W（Weighted Longest Common Subsequence）、ROUGE-S（Skip-Bigram Co-Occurrences Statistics）和 ROUGES-U（extension of ROUGE-S）。通过参考现有的研究发现,在图像和视频字幕评估中使用的版本是 ROUGE-L,计算生成的句子和每个参考句子之间最长的公共子序列（Longest Common Subsequence,LCS）的召回率和精度值。该度量比较了候选词和参考句子中单词的公共子序列,其背后的原因是候选句子和参考句子存在较长的 LCS 意味着两个句子之间较高的相似性。

③CIDEr 指标考虑了多个参考句对比达成"共识"的概念,这与 BLEU 有区别。通过衡量生成句和其他多个人工描述的参考句之间的相似性来评价。首先在参考句中将多词元组(n-gram)出现的频率进行编码;其次通过词频-逆文档频率(Term Frequency-Inverse Document Frequency,TF-IDF)[158]来计算每个多词元组的权重,并将句子以多单词元组表示成向量形式;最后通过计算向量的余弦距离来度量其相似性[157]。

④上述几个自动评估指标主要对 n-gram 重叠很敏感。SPICE 指标是近年来一个全新的自动图片描述评估指标[156],该指标是专门针对场景图像的描述进行定义的,测量了从机器生成的描述中解析的场景图元组与真实场景之间的相似性。有学者用 SPICE 指标对一系列模型和数据集进行了广泛的评估,表明 SPICE 比其他自动度量更好地判断了模型生成自然语言描述结果[156]。

2)人工评价

人工评价是一种借由人工对生成的描述语句进行评价打分或定性分析的主观评价方法,其典型例子有"图灵测试"[157]。当生成的图像描述句子缺乏参考性,或者当人类对生成结果的真实判断与自动评估指标的评价结果存在较大差异时,人工评估也经常被用来判断机器生成的字幕的质量。人工评估也可以采用"众包"的方式,评估人员可以是 AMT(Amazon Mechanical Turk)的工作人员或一些大型计算机视觉比赛中的专家评委。

2.3.5　研究述评

无论是针对图片数据还是视频数据,通用的基于深度学习的视觉描述模型架构均由不同配置的 DNNs 组合而成。基于"编码器-解码器"框架视觉描述模型架构可分为两个阶段:一是编码阶段,即配置合适的"编码器"DNN 以对视觉信息进行编码,生成搭载了视觉特征信息的向量表示;二是解码阶段,即配置合适的"解码器"DNN 联合单词嵌入模块对编码阶段输出的视觉特征向量表示进行解码,进而生成描述性的句子。因此,本书在构建自动视觉描述模型方面的具体研究工作主要包括选择合适的 DNNs("编码器"DNN 和"解码器"DNN),确认适应于本书拟构建方法的模型训练策略和确认模型验证评价体系等。在数据集构建方面,现有的视觉描述数据集并不适用于对施工活动场景的智能化解析需求,本书后续还需进一步开发以施工活动场景为主题的、符合本书拟构建方法的解析要求的视觉描述数据集。在方法的评价体系构建方面,本书除了需要验证方法在视觉描述智能化层面的性能验证,还应专门构建关于方法对施工活动场景的解析性能的评价方法,其中方法在智能化层面的性能验证沿用现有的借鉴视觉描述方法领域的评价标准即可。

2.4　本章小结

本章主要介绍施工活动场景智能解析方法研究的理论基础和相关研究综述。首先,介绍了本书主要涉及的理论基础及其对本书的研究启示。本书主要涉及的基础理论有场景理论和知识图谱理论。场景理论对于本书有两个方面的重要启示:一是为本书对"施工活动场景"的定义提供了理论依据,有助于著者更加清晰地认识和把握本书的研究对象;二是强化了本书的研究目的,有力地证明了文本所提出的研究问题的科学性。知识图谱的生成逻辑框架对于明确本书基于视觉数据的施工活动场景的解析提供了重要的借鉴作用。

然后,对基于视觉的施工活动场景的解析方法的相关研究进行了综述。一方面,明确了现有基于视觉的施工活动场景解析方法在解析思路和结果方面的特点与不足,具体体现在现有研究中对施工活动场景中的各要素大多是局部提取的,尚无法满足对施工活动场景进行整体性解析的需求;另一方面,进一步探索发现采用自然语言句子对视觉数据进行结构化地描述的方法弥补以上研究的不足。

最后,对计算机科学领域的自动视觉描述方法进行综述,以为本书后续的研究过程提供明确的指引。具体明确了本书在后续开展实现视觉带数据驱动下的施工活动场景解析智能化的研究工作。在构建智能化方法的模型方面,基于视觉描述领域的典型模型框架("编码器"DNN 和"解码器"DNN),后续的模型构建工作还包括:选择合适的 DNNs、确认适应于本书拟构建方法的模型训练策略和确认模型验证评价体系等。在数据集构建方面,本书后续还需进一步开发以施工活动场景为主题的,符合本书拟构建方法的解析要求的视觉描述数据集。在方法的评价体系构建方面,本书除了沿用现有的借鉴视觉描述方法领域的评价标准方法智能化层面的性能验证,还需专门构建关于方法对施工活动场景的解析性能的评价方法。

第 3 章 视觉数据驱动的施工活动场景 智能解析方法理论框架

根据本书相关理论基础的启示和相关研究的现状可知,构建视觉数据驱动的施工活动场景智能解析方法需要实现两个方面的内容:一是构建基于视觉数据的施工活动场景解析的理论框架,包括基于视觉数据的施工活动场景本体解构流程框架和语义表征的理论框架两个部分;二是实现视觉数据驱动的施工活动场景解析方法的智能化。因此,本章将针对以上研究思路形成视觉数据驱动的施工活动场景智能解析方法理论框架,具体内容总共包括 4 个部分:①视觉数据驱动的施工活动场景智能解析方法的总体解决思路;②基于视觉数据的施工活动场景本体解构流程框架;③基于视觉数据的施工活动场景语义表征理论框架;④视觉数据驱动的施工活动场景智能解析方法的研究路径。

3.1 方法构建的总体解决思路

由本书的现实和理论背景可知,构建视觉数据驱动的施工活动场景智能解析方法,需要分别明确对视觉数据中施工活动场景的具体解析思路、解析过程的智能化和解析结果的显性化。一方面,本书第 2 章中知识图谱理论的启示和现有研究中对视觉数据中施工活动场景进行智能解析的特点和不足,为明确基于视觉数据的施工活动场景解析思路给出了答案。知识图谱生成架构的信息抽取和知识融合方法有助于实现对视觉数据中施工活动场景的解析,包括对视

觉数据进行结构化的分析,本体地提取出视觉数据中关于施工活动场景的要素
(实体、关系和属性)进行对齐和消歧,然后通过要素与相关文本知识相融合的
过程形成描述施工活动场景的语义网络。根据现有研究中对视觉数据中施工
活动场景进行智能解析的不足,本书所构建的方法应满足对视觉数据中的施工
活动场景进行整体性解析的需求。另一方面,本书第 2 章中对自动视觉描述方
法研究的全面回顾,为实现上述解析过程的智能化和解析结果的显性化表征提
供了解决思路。视觉描述方法融合了 CV 和 NLG 领域的前沿技术,基于深度学
习算法的视觉描述模型可以实现对视觉数据中施工活动场景进行解析的自动
化,同时,模型生成的对视觉信息进行描述的自然语言句子可以实现对视觉数
据中施工活动场景的解析结果显性化表征。

　　综上分析可得,本书构建视觉数据驱动的施工活动场景智能解析方法的总
体解决思路可分为三个环节(图 3.1)。首先,对包括图片数据和视频数据在内
的视觉数据进行结构化分析,把视觉数据中与真实场景要素相对应的基本图元
进行拆解,按照知识图谱领域中提及的"实体-关系-属性"的结构形式形成关于
施工活动场景的语义网络。其次,对从视觉数据中获得的关于施工活动场景的
语义网络进行语义表征。本书期望实现机器智能体可以像人一样去理解视觉
信息,并运用自然语言(例如,英语)对其中的施工活动场景内容进行描述,以达
到显性化和知识化表征的目的。其中,描述语句应至少遵循以下两个方面的原
则:①必须涵盖与施工活动相关的场景要素;②形成的描述语句的句法结构必
须正确和完整。最后,实现视觉数据驱动的施工活动场景解析过程的智能化。
本书借鉴自动视觉描述方法的构建思路,实现对前两步解析过程的自动化,即
从视觉中自动提取出施工活动场景的"实体-关系-属性"的语义网络,并按照自
然语言句子的规则自动将提取出来的语义网络组织成描述性的语句。

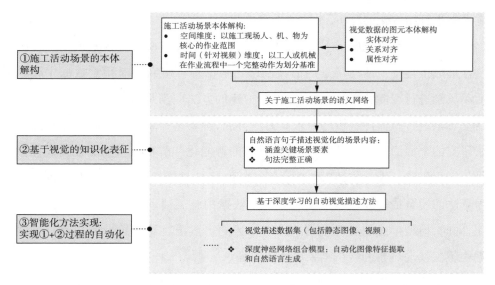

图 3.1 视觉数据驱动的施工活动场景智能解析方法研究总体思路

3.2 基于视觉数据的施工活动场景本体解构流程框架

根据知识图谱的生成架构,本书对建筑视觉数据中的施工活动场景按照实体、实体间的关系和实体的属性等场景要素进行本体化地提取,然后将提取的场景要素与真实施工活动场景中的实物(建筑工人、工具和施工作业的建筑实体对象)、动作(或状态)和实物的属性(数量、颜色等)进行对齐和消歧,形成关于施工活动场景的语义网络。视觉数据包括图片和视频两种形式,由于两种不同形式的视觉数据在数据结构方面存在差异,因此基于不同数据形式的施工活动场景解析思路也同样存在差异。接下来,本章将分别梳理出基于不同视觉数据形式的施工活动场景本体解构流程。

3.2.1 基于图片数据的施工活动场景本体解构流程框架

基于图片数据的施工活动场景本体解构图如图 3.2 所示。图中表示了对图片数据中施工活动场景的本体解构和形成语义网络的过程,图片数据所呈现的关于施工活动场景的实体、关系和属性的表现形式是静止的和二维的,因此只存在空间维度的解析。空间维度主要考虑在施工现场与某个正在进行的施工作业相关的所有实物(工人、机械和物资等)所占据的物理空间的范围,具体而言,就是指人类肉眼能从视觉画面中捕捉的所有施工活动场景实体所占据的视野范围。

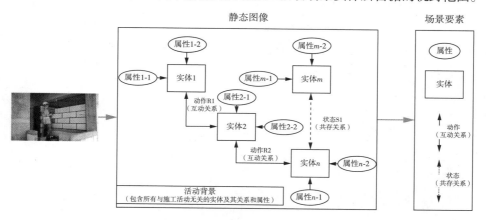

图 3.2 基于图片数据的施工活动场景本体解构图

3.2.2 基于视频数据的施工活动场景本体解构流程框架

基于视频数据的施工活动场景本体解构图如图 3.3 所示。图中表示对视频数据中施工活动场景的本体解构和场景要素的提取过程,视频中所呈现的关于施工活动场景的各个要素是有时间维度上的变化的,因此除了对某一时刻的施工活动场景进行空间维度的解析,还要兼顾场景内部各要素在时间维度上的变化。在时间维度上需要考虑的解析内容范围则是关于在施工作业流程中工人或机械完成一个完整的动作或工序所持续的时间范围。这会对从视频数据中提取和解析具体施工活动场景的时长划分造成困难。

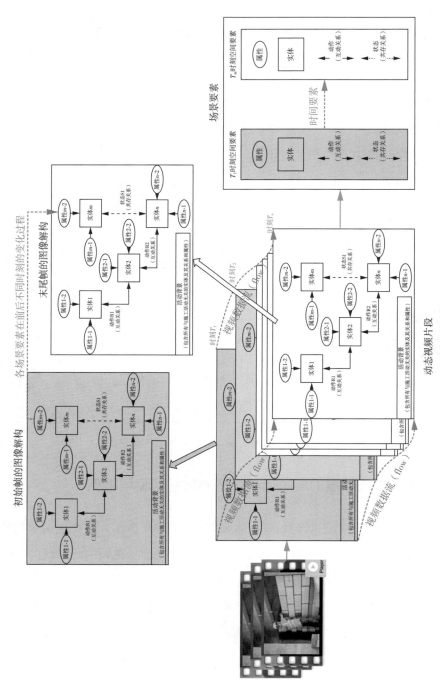

图3.3 基于视频数据的施工活动场景本体解构图

　　针对如何从视频数据中合理提取施工活动微场景的问题,本书提出了两种划分思路:一是按照工人完成某个动作的持续时间进行划分,例如,在砌筑工程中,工人进行了一个切割砖块或给砖块抹砂浆的动作。二是按照多个动作构成的某个施工工序的持续时间进行划分,例如,在砌筑工程中,砌砖的工序包含着建筑工人的多个动作,如取(搬运)砌体、抹砂浆、抹底砂浆、放置砌体、微调砌体位置、清理墙面砂浆六个动作。由此可以将施工活动场景划分为三个层次(图3.4):第一层次的场景特指某一类的分部分项工程,也就是施工活动类别;第二层次的场景则是针对施工工序的;第三层次的场景是针对建筑工人具体动作的。

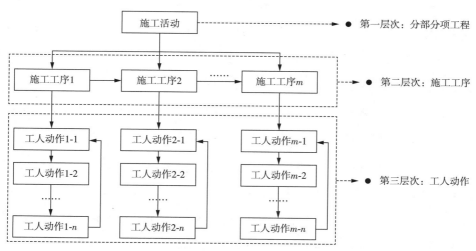

图 3.4　视频数据中施工活动场景层次划分图

　　第二层次和第三层次的场景对应着上述两种微场景的提取方法,其具体区别在于:前者是对视觉中所有场景要素最直观的解析,考虑到随着时间的推进,实体、关系和属性这三类要素任意其一发生变化后,视频中所呈现的施工活动场景也发生了变化(或进行了场景的转换),这种解析思路强调了以工人这一实体为核心,其动作或状态发生变化则视为场景发生了变化。后者则是对同属一个工序的多个建筑工人的动作算作一个施工活动场景;从场景要素随时间发生变化的情况来看,这种解析思路聚焦视频画面中的主要实体、关系和属性都是随着时间变化的,那么这种随着时间变化的关系也作为按照该思路提取出的场景的一部分,本书将其称为时间要素,如图 3.3 中虚线的示意。综上,上述对视觉数据中施工活动场景解析思路和形成的语义网络图,为后续基于自然语言句子描述的语义表征提供了基础。

3.3 基于视觉数据的施工活动场景语义表征理论框架

根据 3.2 节提出的基于视觉数据的施工活动场景本体解构流程框架,可获得视觉数据中施工活动场景的语义网络图,本书将以生成的语义网络图为基础,采用自然语言将其组织成场景描述句子,以达到对施工活动场景相关的视觉信息进行语义表征的目的。语义表征的过程包括三个步骤:

第一步,生成语义网络。根据场景的概念,把与活动相关的视觉信息转换为场景要素,以形成关于施工活动场景的语义网络。

第二步,单词匹配。选择恰当词性的词语来匹配语义网络中的节点(已识别的场景要素),例如,用名词描述实体,用动词描述实体间的关系。

第三步,组织成句。根据语义网络中连线的逻辑关系添加句法结构所必需的连词或转换词,形成句法结构正确且完整的描述性自然语言句子。

3.3.1 基于图片数据的施工活动场景语义表征理论框架

针对图片数据中施工活动场景的解析过程,图 3.5 提供了一个关于砌体工程和钢筋工程活动场景的自然语言描述示例,本书采用英文句子对施工活动场景进行描述。图 3.5(a)和(b)分别呈现了砌体工程和钢筋工程的图片(施工现场拍摄的照片)。图 3.5(c)和(d)分别表示了与图 3.5(a)和(b)中各张照片中的施工活动场景一一对应的语义网络图;语义网络图中的白色框图代表从照片中识别的主要实体,灰色方框图代表识别实体之间关系(即工人的动作),椭圆框图代表主要实体的属性(颜色、形状、大小和数量等);这里还特地强调了"建筑工人"的伴随状态(例如,工人的姿态),同样在语义网络图中用虚线椭圆框对其进行标记。一张现场图片所涉及的某个整体的施工活动场景通常同时包含多个场景要素(实体、实体间的关系和属性),那么,在对视觉数据的场景信息进行自然语言句子描述时,生成的描述性语句应尽可能地涵盖画面中的所有场景要素。图 3.5(e)表示了场景要素与词性之间的通常的对应关系,例如,名词对应实体、动词对应关系及形容词或基数词对应实体的属性等。最后图3.5(f)和(g)呈现了与图 3.5(a)和(b)相对应的图片中施工活动场景的描述性语句。

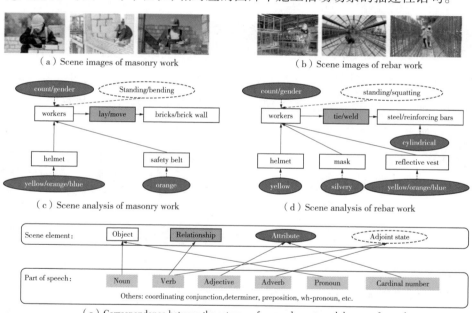

（a）Scene images of masonry work （b）Scene images of rebar work

（c）Scene analysis of masonry work （d）Scene analysis of rebar work

（e）Correspondence between the category of scene elements and the part of speech

"A worker in an orange helmet is laying a brick.
A man wearing a yellow hardhat is building a brick wall.
A worker wearing a blue helmet is laying bricks."

"A worker in a gray mask is welding the steel bars.
A man wearing a yellow hardhat is tying a cylindrical steel cage.
Two workers wearing yellow helmets is tying reinforcing bars."

（f）Descriptive sentences corresponding to pictures
in（a）

（g）Descriptive sentences corresponding to pictures
in（b）

图 3.5　基于图片数据的施工活动场景解析过程示意图

3.3.2 基于视频数据的施工活动场景语义表征理论框架

与基于图片数据的施工活动场景表征过程有所不同，基于视频数据的过程需要考虑视频中场景随着时间转换的情况。一幅图片呈现的是一个确定不变的视觉形态下的施工活动场景，解析和用自然语言进行表征的过程都是相对简单的。视频片段里动态多变的场景不仅给视觉场景的解析带来难度，而且在接下来的自然语言表征过程中还缺乏一个规范性的对视频中关于"动态施工活动场景"的语义网络转化为描述性语句的策略。当前视频描述方法研究领域的学者们进行"视觉转语义"的过程有"常规视频字幕"和"密集视频字幕"两种方法。对于长视频的描述，"常规视频字幕"方法在一定程度上忽略某些细节，概括性地或不规则间断性地描述视频片段中所正在持续发生的"故事"，而采用"密集视频字幕"方法则会根据视频中"微场景"的切换及时生成对这些"微场景"进行描述的字幕。那么，本书所设计的基于视频数据的施工活动视觉场景解析框架主要借鉴"密集视频字幕"方法中的描述策略，即对切分出的"微场景"进行密集性描述，针对整个长视频片段的场景描述，采用整体摘要性描述。具体实现过程按以下三个步骤进行：

第一步，整体性描述。对长短不一的视频进行概括性场景描述，具体实施过程中有两种可能性的操作，一是选择对视频中持续时间最长的或出现次数最多的微场景（即第二层次和第三层次的场景）进行描述，二是对出现的场景总和进行概括性描述。

第二步，视频切割。对视频按照动作持续的最小时间作为视频时长分割的单元，确保代表着一个场景的主要场景要素（实体、关系和属性）在这个时长单元内是保持不变的，因而在对这些切分好的微小视频片段进行解析时，就可以忽略掉场景中的"时间要素"，从而生成一个固定不变的语义网络结构图。

第三步，密集视频描述。依据对图片中施工活动场景的自然语言描述策略，对每一个划分好的视频小片段，按照其蕴含的固定不变的结构化语义网络进行结果表征即可。

与前文提出的基于视频数据的施工活动场景语义表征理论框架相对应，接下来本书提供一个关于砌体工程作业场景的结构化解析和语义表征全过程的示例，如图 3.6 所示。其中，图 3.6（a）呈现了一个原始的砌体工程视频，包括时长、分辨率、帧率等基本信息；图 3.6（b）描述了按照微场景对长视频进行切分的过程，根据视频中的砌筑过程的建筑工人的一系列动作场景，确定视频可切分的

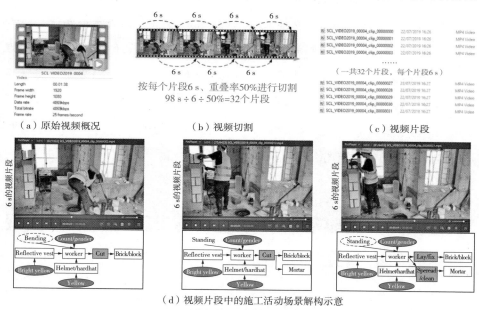

（a）原始视频概况　　　（b）视频切割　　　（c）视频片段

（d）视频片段中的施工活动场景解构示意

（e）场景要素分类与单词词性的对应关系

视频片段名称：SCL_VIDEO2019_00004_clip_00000002　描述时段：0～6 s　描述语言：English
　　"a man wearing a yellow helmet and a yellow reflective vest is preparing for cutting a brick."
视频片段名称：SCL_VIDEO2019_00004_clip_00000013　描述时段：0～6 s　描述语言：English
　　"a worker wearing a yellow hardhat and a yellow reflective vest is fixing a block."
视频片段名称：SCL_VIDEO2019_00004_clip_00000021　描述时段：0～6 s　描述语言：English
　　"a worker In a yellow hardhat and a yellow reflective vest is spreading bottom mortar on the block wall."

（f）对（d）中视频片段的语句描述示例

图 3.6　基于视频数据的施工活动场景解析过程示意图

最小时长单元为 6 秒,并且为避免遗漏视频中的关键场景,还设置了 50% 的重叠率进行切分;图 3.6(c)是将原长视频切分以后的微场景视频片段;图 3.6(d)展示了从图 3.6(c)中抽取了三个切割好的微场景片段,以及对应场景内容的语义网络图,包含了与视频片段中相对应的场景要素,并根据它们在现实中的状态,用连线和箭头进行连接,形成了语义网络图。其中,白色框图表示视频中需要识别的主要实体;绿色框图表示描述实体之间关系,这里也主要对应建筑工人的动作;蓝色椭球框图表示实体的颜色、形状、大小和数量等基本属性。对于"工人"或"机械"还表示有特别的伴随状态作为属性,如其自身的动作或姿势等,同样在语义网络图中用虚线椭圆框对其进行标记。图 3.6(e)表示了场景要素与词性之间通常的对应关系,例如,名词对应实体、动词对应关系及形容词或基数词对应实体的属性等。最后图 3.6(f)中呈现了与图 3.6(d)中相对应的图片中施工活动场景的描述性语句。

3.4 视觉数据驱动的施工活动场景解析智能化实现的研究路径

3.4.1 智能化方法设计与验证的研究步骤

根据当前自动视觉描述方法领域的研究现状,本书拟构建基于深度学习的视觉描述模型,以实现自动解析施工活动场景和生成描述施工活动场景的自然语言句子。再结合当前自动视觉描述领域相关技术的发展水平,由于现有研究中关于对特定领域的视觉描述方法依然采用强监督学习的算法,需依赖于专门的视觉描述数据集。本章拟构建的基于视觉数据的施工活动场景智能解析方法的研究实施流程如图 3.7 所示,主要的研究步骤如下:

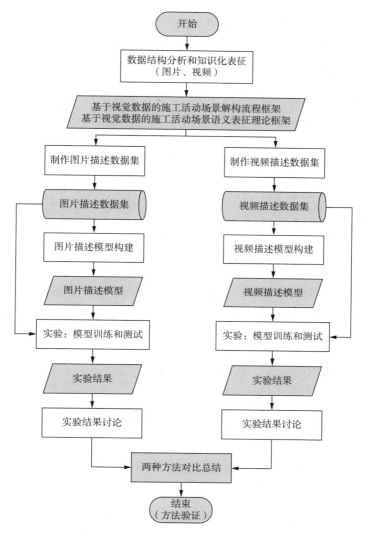

图 3.7　视觉数据驱动的施工活动场景智能解析方法研究流程图

　　第一步,构建数据集。根据 3.2 节和 3.3 节提出的理论框架,构建方法智能化所需的专用视觉描述数据集,以施工活动场景为数据集的主要内容。

　　第二步,构建基于深度学习的视觉描述模型。结合当前计算机科学领域关于自动视觉描述的相关研究成果和发展趋势,构建本书所需的自动视觉描述模型,模型主要采用深度神经网络作为视觉解析的"编码器"和生成自然语言句子的"解码器"作为基本框架。

第三步，方法试验。用已构建的数据集对深度学习模型进行训练，以得到具备自动描述视觉数据能力的模型。

第四步，方法验证。对模型自动生成视觉描述语句的正确性进行测试打分，以根据所构建模型的性能和数据集的特点作出适用性的评估。由于图片数据和视频数据的差异，本书后续也将分别基于这两种不同数据形式的视觉信息构建具体的智能化施工活动场景解析方法。

3.4.2　智能化方法验证的评价体系

在本书所构建方法智能化实现的验证阶段，不仅需要对深度学习模型自动生成视觉描述语句的正确性进行测试打分，以对模型的性能进行验证，还需要根据所组合模型的性能和数据集的特点综合对方法做出适用性的评估。根据本书采用的自动视觉描述的技术框架，本书将首先采用 NLG 领域的自动语言生成评价指标对模型生成结果进行自动化评价，然后采用人工分析方法对从视觉数据角度描述整体施工活动场景的效果进行直观定性的评价，最后采用信息检索评价方法对施工活动场景的各类要素的表征结果进行定量评价。

1）自动评价指标

本书的 2.3.4 小节介绍了一系列视觉描述结果的自动评价指标，有 BLEU、CIDEr 和 SPICE，为探究本书拟构建的智能化方法在视觉描述层面的性能，需采用与 CV 领域的视觉描述方法相同的自动评价指标，以便进行对比，验证本书拟构建方法的智能化实现有效性。

2）人工评价准则

本书构建的人工评估体系考虑了内容相关性和句法正确性两个评价维度。在内容相关性评价维度中，对于图片或视频内容相关性给予主观评分，"最相关"最高，"最不相关"最低，因此两句话的分数不能相同，除非它们是完全相同的。在句法正确性的评价维度中，句子根据句法正确性进行分级，而不向评估者显示对应图片或视频的视觉化内容，因此在这种情况下，可能不止一个句子有相同的分数。

3）场景要素的解析精度评价指标

本书通过计算检索场景要素的精度对方法的解析性能进行测试。借鉴传统的信息检索评价方法[159]，精度（Precision）、召回率（Recall rate）和 F-值（F-Score）是在场景要素层面上评估生成描述性语句质量的常用指标，既有类似的研究也曾通过计算场景子类别（对象、关系、属性、颜色、计数、大小等）的 F-值来评价图像语义解析过程[160]。计算公式分别如下：

$$Precision = \frac{TP}{TP + FP} \tag{3.1}$$

$$Recall = \frac{TP}{TP + FN} \tag{3.2}$$

$$F\text{-}Score = (1 + \beta^2)\, \frac{Precision \cdot Recall}{\beta^2 \cdot Precision + Recall} \tag{3.3}$$

其中，场景要素检索结果的分布情况如图 3.8 所示。精度表示在结果中检索到的与原视觉数据内容相关的场景要素的数量 TP 和在结果中检索到的所有场景要素的总量（$TP+FP$）之比。召回率指在结果中检索到的与原视觉数据的内容相关的场景要素的数量 TP 与所有与原视觉数据的内容相关的场景要素的总量（$TP+FN$）之比。对于 F-值，可以通过调整 β 来控制精度和召回率的权重——当 $\beta<1$ 时，精度率更重要；当 $\beta>1$ 时，召回率更重要；当 $\beta=1$ 时，精度和召回率同等重要（称为 F1）。

考虑到词汇应用的多样性可能导致的检索结果的偏差，这里设定一个统一的假设条件，即每个场景要素的最终评价分数是根据对其所对应的所有单词（包括近义词）的检索结果来计算的。例如，在场景中，"Helmet" 和 "Hardhat" 是对应于视觉数据中的同一种实体"安全帽"的同义词，因此在计算关于该实体的检索结果时，将这两个单词视为相同的。

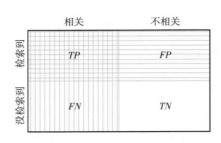

图 3.8　视觉数据中场景要素的检索结果分布示意图

3.5　本章小结

本章构建了视觉数据驱动的施工活动场景智能解析方法研究理论框架。首先,根据理论基础和研究现状,提出了视觉数据驱动的施工活动场景智能解析方法的整体分析框架,为解决本书的研究问题提供了整体的解决思路,明确本书的研究主要有两个方面的内容:①构建施工活动场景视觉信息的解析方法的理论框架;②设计和验证视觉数据驱动的施工活动场景智能解析方法。其次,遵照以上解决思路,构建基于视觉数据的施工活动场景解析理论框架,分别以图片和视频数据两种具体的视觉数据形式为例进行阐述,以为后续智能化方法的构建提供最原始的关于施工活动场景的解构和表征的理论依据。最后,基于构建的理论框架,进一步明确了在视觉数据驱动下实现施工活动场景解析方法智能化的研究路径,包括智能化方法设计与验证的研究步骤和智能化方法验证的评价体系两个方面,以为后续开展智能化方法设计和验证的整体研究提供明确的指导。

第4章 基于图片数据的施工活动场景智能解析方法实验研究

4.1 研究概述

本书有两个研究目的:一是通过构建基于图片数据的施工活动场景智能解析方法验证已构建的视觉数据驱动的施工活动场景智能解析方法理论框架(第3章);二是通过实验研究实现基于图片数据的施工活动场景解析的智能化,验证和讨论该智能化方法的实用性。

根植于 CV 和 NLG 两大领域的图片描述方法为构建上述智能化方法提供了可借鉴的解决思路[115,116,118,119,161,162],即可以通过自然语言句子解析图片中的场景信息。现有的图片描述相关研究提供了一个经典的框架,该框架集成了用于提取视觉特征信息的"编码器"CNN、单词嵌入模块和用于生成图片描述语句的"解码器"RNN。但由于现有的深度学习模型架构都属于监督学习的范畴,模型的实现还有赖于优质的图片描述数据集对模型进行训练。然而,现有的 CV 领域的标杆图片描述数据集(例如 Flickr8k[42]、Flickr30k[43] 和 MSCOCO[44])却无法适用于施工管理领域的相关场景。因此,本书需要创建专用的以施工活动场景为主题的图片描述数据集。

研究步骤如图 4.1 所示。首先,基于 3.2 节和 3.3 节中构建的视觉数据驱动的施工活动场景解析理论框架,制作专用的图片描述数据集。其次,基于当前 CV 和 NLG 两大领域的前沿技术,构建本书智能化方法所需的基于深度学习的图片描述模型。然后,开展具体的实验研究,包括训练模型、模型验证和方法测试等实验过程。本书为了分别探索数据集和深度学习模型架构对实验结果的影响,共开展了三组实验。结果表明该方法的性能与当前 CV 领域最先进的图片描述方法的性能相当。通过实验结果对比分析发现,数据集和模型架构对最终的实验结果均有影响,其中数据集的影响更为显著。

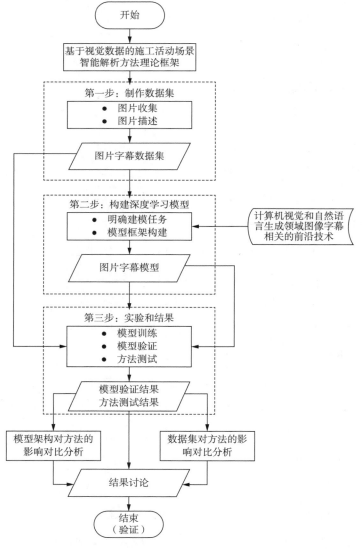

图 4.1　基于图片数据的施工活动场景智能解析方法研究流程图

4.2　图片描述数据集

4.2.1　数据集构建原则

1）图片数据获取

本书所涉及的视觉数据形式为图片,拟构建方法的解析对象为图片数据中包含的施工活动场景信息,且实现解析过程智能化关键技术采用的是自动图像描述方法[115],目前该类方法均是以深度学习算法为基础的[119,161,162]。因此,在制作图片描述数据集前,对图片的收集有以下三个方面的要求:①图片内容必须对应真实的施工活动场景;②每张图片要聚焦到至少包含一个建筑工人实施作业的建筑施工活动上;③图片的数量要足以支撑后续的深度学习模型训练。

2）图片描述

在一个以场景内容为核心的图像中,实体之间的交互是高度复杂的,其复杂程度超出了简单的实体与语义相匹配的固定关系[58]。本书将使用带有不同场景要素(实体、关系和属性)组合的多个句子来描述同一张图片里的施工活动场景,描述的语言类型为英文。以图 3.4 中采用的解析思路为指导,用一个句法结构完整的、正确的自然语言句子描述一个整体性的施工活动场景,包含其相关的主要实体、关系和属性。遵循 CV 领域标杆数据集(例如图片描述数据集有 Flickr8k[42]、Flickr30k[43] 和 MS COCO[44])的构建规则,每张图片采用多个大意相同但形式不同的语句进行描述,本书也同样设定每张图片采用 5 个不同的句子进行描述。图片描述的过程是人为的,除了按照本书专门制定的解析思路对图片中的施工活动场景进行描述外,本研究在句法层面还借鉴了 MSCOCO 图片描述数据集[163]的制作要求,总共有如下六条要求[164]:①描述场景的所有重要部分(实体、关系和属性);②禁止用“there is”开头;③不要描述可能发生在过去或未来的事情；④不要描述图片中的人可能会说什么；⑤禁止给人起真名；⑥至少由 8 个英文单词构成。

4.2.2 数据集构建过程

基于上述构建施工活动场景图片描述数据集的基本原则，本书创建了两个不同规模大小和不同施工活动类别的图片描述数据集。具体包括以下四个步骤：

第一步，施工活动类别选择。两个数据集总共选择了五类施工活动场景，包括：小推车搬运、砌筑作业、钢筋作业、抹灰作业和贴瓷砖作业。所有照片都是采用数码相机在实际的施工现场拍摄的。表 4.1 归纳了每一类施工活动场景中的场景要素，并对应标记出了每个场景要素的英文。

第二步，场景要素分类。根据上述场景要素在施工管理中承担的不同角色，将主要场景要素分为五类（见图 4.2），具体如下：施工作业的主体且安全风险等级最高的实体，即"建筑工人"，被记为"第Ⅰ类实体"（Object Ⅰ）；施工作业相关的工具或材料等实物，例如"钢筋""砖块""墙"和"瓷砖"等施工活动中的工具或材料，被记为"第Ⅱ类实体"（Object Ⅱ）；安全设施，例如"头盔""反光背心"和"安全带"等，它们的作用对象通常是第一类实体，对安全风险等级最高的"建筑工人"起保护作用，被记为"第Ⅲ类实体"（Object Ⅲ）；第四类场景要素通常为第一类实体和第二类实体之间的互动或共存关系，通常用不同的动作词汇来描述，被记为"关系"（Relationship）；第五类场景要素主要涉及前面所提及实体的属性，例如颜色、数量、形状和姿态，被记为"属性"（Attributes）。

第三步，图片描述。数据集制作的图片描述环节完全遵守 4.2.1 小节中描述的规则。除此之外，本书还考虑了描述语句中的同义词的替换、主动语态和被动语态的转换、属性的增删以及其他更多形式的句型转换的情况，以避免统计训练结果的产生偏差，并且提前对同义词或近义词进行归纳和分类（如表 4.2 所示）。图 4.3 分别展示了五种施工活动的图片描述示例。

表 4.1　五类施工活动的场景要素概况

场景类别	场景要素		
	实体	关系（动作）	属性
小推车搬运	建筑工人（worker）；小推车（cart）；安全设施：安全帽（helmet/hardhat）,反光背心（reflective vest）	拉（pull）、推（push）、卸载（unload）	颜色:红（red）、黄（yellow）,白（white）等；数量:一（one/a/an）,二（two）,三（three）等；姿态:站（standing）、弯腰（bending over）、蹲（squatting）
砌筑工程	建筑工人（worker）；砌体（bricks）、砂浆（mortar）；安全设施:安全帽（helmet/hardhat）、反光背心（reflective vest）	垒（lay）、调整（fix）、切割（cut）、测量（measure）、修建（build）,移动（move）	颜色:红（red）、黄（yellow）,白（white）等；数量:一（one/a/an）,二（two）,三（three）等；姿态:站（standing）、弯腰（bending over）、蹲（squatting）
钢筋工程	建筑工人（worker）；钢筋（reinforcing/steel bars）；安全设施:安全帽（helmet/hardhat）,反光背心（reflective vest）	绑扎（tie）、切（shear）、焊（weld）	颜色:红（red）、黄（yellow）,白（white）等；数量:一（one/a/an）,二（two）,三（three）等；形状:圆柱形（cylindrical）,长方形（rectangular）；姿态:站（standing）、弯腰（bending over）、蹲（squatting）
抹灰工程	建筑工人（worker）；砂浆（mortar）；安全设施:安全帽（helmet/hardhat）,反光背心（reflective vest）	抹灰（plaster）、搅拌（mix）	颜色:红（red）、黄（yellow）,白（white）等；数量:一（one/a/an）,二（two）,三（three）等；姿态:站（standing）、弯腰（bending over）、蹲（squatting）
贴瓷砖工程	建筑工人（worker）；瓷砖（ceramic tiles）、砂浆（mortar）、塑胶锤（Plastic hammer）；安全设施:安全帽（helmet/hardhat）,反光背心（reflective vest）	放（lay）、贴（stick）、调整（fix）、切（cut）	颜色:红（red）、黄（yellow）,白（white）等；数量:一（one/a/an）,二（two）,三（three）等；姿态:站（standing）、弯腰（bending over）、蹲（squatting）

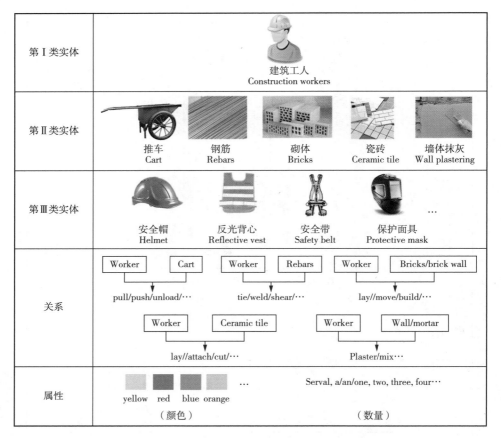

图 4.2　视觉数据中施工活动相关的场景要素分类

表 4.2　数据集中近义词或同义词对应示例

实体	同义词/近义词(英文单词)
工人、建筑工人	Worker,man/men,woman,construction worker
小推车	Cart,van
钢筋	Rebar,steel-bars,reinforcing-bars
砖块	Brick,block
安全帽	Helmet,hat,sunbonnet,hardhat
安全带、反光背心	Reflective vest,safety belt

砌筑工程		A man in a yellow helmet and wearing a reflective vest is building a brick wall. A man wearing a yellow helmet and a reflective vest stands on laying the bricks. A masonry worker in a yellow helmet is building a brick wall. A masonry worker wearing a yellow helmet stands on laying the bricks. A masonry worker laying bricks is wearing a yellow helmet and a reflective vest.
小推车搬运		A man in a red helmet is unloading a cart. A man in a red helmet is unloading a single-wheeled cart. A worker in a red helmet is unloading a cart. A worker in a red helmet is unloading a single-wheeled cart. A worker in a red helmet is handing the handles of a cart.
钢筋工程		Two men are squatting to tie the steel bars. Two men wearing helmets are squatting to tie the steel bars. Two workers are squatting to tie the steel bars. Two workers wearing helmets are squatting to tie the steel bars. Two construction worker wearing helmets is squatting to tie the reinforcing bars.
抹灰工程		A man wearing a red helmet is plastering for a brick wall. A worker wearing a red hardhat is plastering for a block wall. A worker in a red hardhat is plastering for a brick wall. A man in a red helmet is plastering for a brick wall. A worker in a red hardhat is plastering for a block wall.
贴瓷砖		A man is laying a ceramic tile. A worker is laying a ceramic tile. A workman is sticking a ceramic tile. A man is sticking a ceramic tile. A worker is sticking a ceramic tile.

图 4.3　图片描述数据集中五类施工活动场景描述示例

第四步,数据预处理。所有选择的图片和相应的描述性句子都是成对编码的,用于后续深度网络模型的学习。在训练之前,所有图片被缩放到 224×224 像素,所有描述语句以 JSON 文件的形式映射到对应的图片文件上。

表 4.3 概述了这两个数据集。数据集 P-Ⅰ总共包括三类活动(即手推车运输、砌体工程和钢筋工程)和 2 400 个(即 480 个×5 个)图片-句子对。数据集 P-Ⅱ包括了表 4.1 中所有的活动类别和 34 510 对(即 6 902×5)图片-句子对。在每个数据集中,66%的图片-句子对用作训练集,17%作验证集,其余 17%作测试集。采用了 NLTK 工具包[165]比较了数据集 P-I 和数据集 P-Ⅱ的词性分布,对比结果如图 4.4 所示。例如,"NN"和"NNS"是对应着场景中的实体的名词,"VB"是对应着实体之间关系的动词,以上直接表示场景要素的词被称为"场景词"。

表 4.3　图片描述数据集概况

数据集（P）	活动分类	图片数量	句子数量	单词数量
P-Ⅰ	搬运小车、砌筑工程、钢筋工程	480	2 400	29 103
P-Ⅱ	搬运小车、砌筑工程、钢筋工程、抹灰工程、贴瓷砖	6 902	34 510	409 576

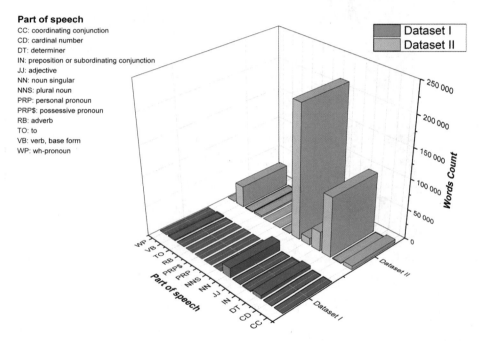

图 4.4　图片描述数据集 P-Ⅰ和数据集 P-Ⅱ的词性分布比较

4.3　图片描述模型

4.3.1　建模任务说明

典型的图片描述模型架构源自机器翻译模型架构的变换[115,116]，如图 4.5 所示。机器翻译模型的输入内容为源语言种类的句子 S，通过一个"编码器"

RNN 和一个"解码器"RNN 最终生成为目标语言种类的句子 T。在图片描述模型中,图像 I 取代了机器翻译模型中的源语言句子作为输入内容,被"翻译"成描述其视觉内容的自然语言句子 D。鉴于 CNN 作为目标识别和检测的最新技术被广泛应用于图像处理任务,于是在图片描述模型的编码阶段,可将原本机器翻译模型架构中的"编码器"RNN 替换成"编码器"CNN 以实现对视觉特征的提取;在图片描述模型的解码阶段,通过计算目标序列产生单词的最大似然概率 $p(D|I)$,进而依次确定单词的输出,构成图像 I 的描述性语句 D,其中每个单词都是从给定的字典中获得的[116],字典可以是公开的语料库也可以是由模型训练集中的词汇构成的。以上采用 CNN 作为图形"编码器"和 RNN 作为"解码器"并联合单词嵌入模块的组合构成了本书图片描述模型的基本框架。

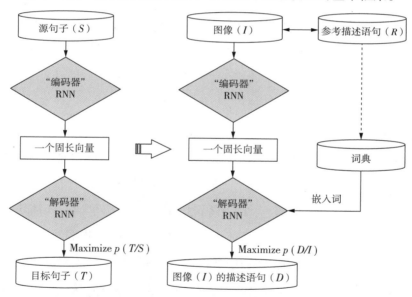

图 4.5　机器翻译模型框架和图片描述模型框架的对比

基于上述模型框架,本书建模的主要目的是找到合适的参数 ξ 使得生成准确的自然语言描述句的概率 $p(D|I)$ 最大化,具体表达式如下:

$$\xi^* = \arg\max_{\xi} \sum_{(I,D)} \log p(D|I;\xi) \tag{4.1}$$

其中,ξ 表示模型的参数,I 表示图像,D 表示生成的图像 I 的描述性语句。由于

描述性语句 D 的长度 n 是不设限的,本书将采用链规则(Chain Rule)对在 $D_0, \cdots, D_n$ 上的联合概率进行建模[115,116],其表达式如下:

$$\log p(D|I) = \sum_{t=0}^{n} \log p(D_t|I, D_0, \cdots, D_{t-1}) \tag{4.2}$$

其中 $p(D_t|I, D_0, \cdots, D_{t-1})$ 表示在时间 t 上生成一个单词的条件概率,D_t 的生成是以根据文本的上下文向量推断出的此刻的隐藏状态和先前生成的单词为前提条件的。在训练过程中,图片-句子对 (D, I) 作为训练样本,其对数概率之和的计算过程如式(4.2)所示,可使用"Adam"优化器[166]来提高学习的效果。训练过程中的损失是每一步正确单词生成的负对数似然值之和,表示为:

$$L(I|D) = -\sum_{t=1}^{n} \log p_t(D_t) \tag{4.3}$$

上述损失函数的含义为:使用尽可能的最小化损失值,以求得图片描述模型中最合适的所有参数,包括 CNN 在图像嵌入层的参数、RNN 的所有参数以及词语嵌入模块的所有参数[118]。

4.3.2　模型架构概述

基于前文明确的当前 CV 领域典型性的基于深度学习的图片描述模型基本框架,本书进一步整合了一个适应于施工活动场景解析的图片描述模型架构,即联合了一个"编码器"CNN、一个"解码器"RNN 和一个单词嵌入模块的深度学习模型系统,如图 4.6 所示。具体而言,原始图片输入后,首先由"编码器"CNN 来解构和提取原始图片中的视觉特征信息,根据场景要素对其进行图像分类任务的预训练,并提取最后隐藏层的视觉特征向量输入到解码阶段,再联合单词嵌入模块由"解码器"RNN 生成描述性的句子。单词嵌入(Word embedding)模块作为实现单词的向量表示最流行的方式之一,其工作原理是通过捕捉原始句库中某个词的上下文,然后将上下文与该词的语义及句法相映射并计算和比较得出相似性,并输出相似性最大情况下的向量表示。在图片描述模型中,单词嵌入模块输出的向量表示与视觉特征的向量表示共同作为"解码器"RNN 的输入,最终生成与原始图片相对应的自然语言描述性语句。

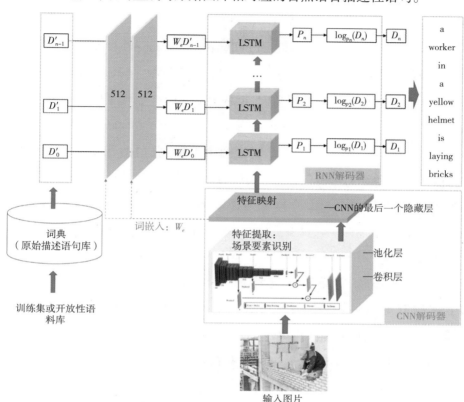

图 4.6　图片描述模型架构

图 4.6 所呈现的是一个关于生成图片描述的通用模型架构。本书在正式开展图片描述相关的实验研究之前,还必须明确模型内部各模块的技术选择和实验策略,具体而言包括两个方面:一是选用合理的"编码器"CNN、Word 嵌入模型和"解码器"RNN;二是明确针对该模型组合的模型训练策略。

1)CNN、单词嵌入模块和 RNN 的选择

本书选用 VGG-16[148] 和 ResNet-50[167] 作为提取视觉特征数据的"编码器"CNN。既有研究表示上述两个 CNN 在视觉识别方面均表现良好。VGG 是视觉几何群网络(Visual Geometry Group Network)的缩写,该模型参加 2014 年的

ImageNet 图像分类与定位挑战赛,在分类任务上获得第二名,在定位任务上获得第一名[168]。典型的网络有 VGG-16、VGG-19 等;VGG-16 表示由 13 个卷积层(Convolutional Layer)、3 个全链接层(Fully connected Layer)和 5 个池化层(Pool layer)组成,其详细结构可参见文献[148]。ResNet 是残差网络(Residual Network)的缩写,ResNet 赢得了 2015 年基于 ImageNet 数据集的大规模视觉识别挑战比赛(ImageNet Large Scale Visual Recognition Challenge, ILSVRC);比 VGG 深 8 倍的超深网络,最高可以达到 152 层,典型的网络有 ResNet-50,ResNet-101 等,该系列网络广泛用于目标分类等领域以及作为 CV 任务主干经典神经网络的一部分。相比于 VGG-19,ResNet 没有使用全连接层,而使用了全局平均池化层,可以减少大量参数,ResNet-50 中的 50 表示网络的权重层数,其详细结构见文献[167]。

本书选用 LSTM 作为图片描述模型的"解码器"RNN。一个典型的 LSTM 细胞由输入门(Input gate)、遗忘门(Forget gate)、输出门(Output gate)和单元状态(Cell)构成[121]。其中,输入门决定当前时刻网络的输入数据有多少需要保存到单元状态,遗忘门决定上一时刻的单元状态有多少需要保留到当前时刻,输出门控制当前单元状态有多少需要输出到当前的输出值[123]。LSTM 应用的领域包括文本生成、机器翻译、语音识别、生成图像描述和视频标记等。尤其在生成图像描述和视频标记领域,大量既有相关研究表明 LSTM 是模型化时间序列向量 $p(D_t|I, D_0, \cdots, D_{t-1})$ 的典型方法[115-117]。

本书选用的单词嵌入模块为 skip-gram 模型。skip-gram 模型是一种高效的学习高质量分布式向量表示的方法,是通过捕捉大量精确的句法和语义词间的关系来实现的[169]。图 4.6 显示本书模型进行单词嵌入过程,在输入词 D_t' 通过两个"单词嵌入层"W_e 后生成一组密集向量 $W_e D_t'$,此时密集向量 $W_e D_t'$ 继续传递给"解码器"RNN。具体采用嵌入层的维度设为 $512^{[115,116]}$。

2)模型训练策略选择

我们训练了一个集成了 CNN、单词嵌入模块、LSTM 的联合深度学习模型来

预测一个句子中的每个单词,进而实现图像场景的自然语言描述。首先,为确保这些 DNN(即 CNN 和 LSTM)能发挥其深度学习的性能,本书将在实验测试中使用批量归一化的数据预处理方法[170]。另外,在对于模型中推断学习方法的选择方面,本书采用波束搜索(Beam Search)[171]作为推理方法生成一个完整的句子。相比穷举搜索法(Exhaustive Search)和贪心搜索法(Greedy Search),该方法更加适合图片描述的应用情景。穷举搜索法是从所有的排列组合中找到输出条件概率最大的序列。穷举搜索能保证全局最优,但计算复杂度太高,当输出词典稍微大一点根本无法使用。贪心搜索法在翻译每个字的时候,直接选择条件概率最大的候选值作为当前最优。波束搜索法是基于上述两种算法的改进算法,相比贪心搜索法扩大了搜索空间,但相比穷举搜索法超大的搜索空间,其计算成本更低[172]。具体而言,波束搜索方法将 k 个最佳句子迭代到时间 t 并作为候选句子,以生成 $t+1$ 大小的句子并保留得到的最佳 k。因此,波束搜索可以很好地近似 $D = \arg p(D' | I)$,本书将具体以束宽($k = 3$)作为后续实验研究中的参数设定,该设定的有效性也在既有类似研究[115,116]中得以验证。

4.4　研究假设

由于本书开展实验研究有至少两方面的目的:一是通过构建基于图片数据的施工活动场景解析方法验证已构建的施工活动场景解析理论框架,即针对方法测试结果,验证是否实现了对施工活动场景的整体性解析并求得解析精度;二是设计和验证图片描述方法来实现对图片数据中施工活动场景进行解析的智能化性能,即通过本书自制的视觉描述数据集对构建的视觉描述模型进行训练,通过将其自动评价结果与 CV 领域的标杆数据集下的自动评价结果进行比较,以确定本研究所构建方法实现其整体解析智能化的水平。那么,在正式开展实验之前,首先对实验结果提出假设 H_1 和 H_2。

H_1:自动评价结果与 CV 领域标杆数据集下的最优的模型验证结果相当。

H_2：人工评价结果显示可以实现对施工活动场景的整体性解析。

另外，在本章的前两个小节中已构建了两个不同规模的图片描述数据集（即数据集 P-Ⅰ 和数据集 P-Ⅱ）和两种不同 DNN 构成的图片描述模型（即①VGG-16 作为"编码器"和 LSTM 作为"解码器"的组合；②ResNet-50 作为"编码器"和 LSTM 作为"解码器"的组合）。然而，由于图片描述任务在目前的技术水平上比数据驱动的目标分类方法更具挑战性[115]，实施上述深度学习模型训练的过程仍然充满不确定性。由不同的数据集和不同 DNN 构成的模型配置成的图片描述方法之间的实验验证效果可能也是存在差异的，因此本书为了分别探索不同 DNN 组合的模型和不同数据集对于整体方法的性能的影响，设计三组配置方法的进行实验，分别为：

实验 1（记作 E#1）：VGG-16 和 LSTM 组合的模型@数据集 P-Ⅰ；

实验 2（记作 E#2）：VGG-16 和 LSTM 组合的模型@数据集 P-Ⅱ；

实验 3（记作 E#3）：ResNet-50 和 LSTM 组合的模型@数据集 P-Ⅱ。

由于深度学习的本质属于统计学方法[173]，那么样本数据的规模对方法预测效果的影响应是十分显著的，通常样本量越大，方法最后实现预测的效果越好。因此，针对数据集对方法验证效果的影响，可以对实验研究结果作出假设 H_3。至于基于不同模型是否对最终图片描述方法预测效果存在明显的影响，目前能找到的关于两模型之间的性能差异参考依据是：在单一的目标识别和分类的任务上 ResNet-50 的表现比 VGG-16 表现更好[174]，由此也可以初步作出关于不同模型组合对方法验证效果影响的假设 H_4。

H_3：E#2 的方法验证结果优于 E#1 中的结果，且两者的差异显著。

H_4：E#3 的方法验证结果优于 E#2 中的结果，且两者的差异显著。

4.5　实验设置及过程

实验设置中有两个主要任务：一是避免训练模型时发生过拟合，二是确定模型学习的超参数。本书中实验的最大挑战是在小数据集（尤其是数据集 P-I 与 CV 领域的标杆数据集相比规模太小）上训练深度学习网络可能导致过度拟合。常见的避免过拟合的方法有以下几种：一种传统的方法称为"微调"（Fine-tunning），通过初始化模型 CNN 部分的权重，从预先训练的模型上加载[175]。例如，可使 CNN 在 Image Net[176] 这样的大规模数据集上进行预先训练，然后加载训练好的模型，提取除了最后一层的所有参数，再到新的数据集上训练得到最后一层的参数。尽管该方法应用广泛，但在本书中被证明对于提高自动评价分数方面没有明显的改善（如图 4.7 所示）。另外，借鉴既有研究[115,116] 的成功经验，本书尝试了丢弃法（Dropout）[177] 和模型重组方法从结构层级对模型进行调整，通过深度交换几个隐藏单元来探索模型的容量。丢弃法用于在训练过程中自动简化网络的结构，取决于初始化丢弃率（Dropout rate）；而模型重组是在训练之前对网络的层数或维度进行初始化设置的一次性操作。如图 4.7 所示，本书采用丢弃法和模型重组的方法比微调更大地改善了 E#1 的实验效果。

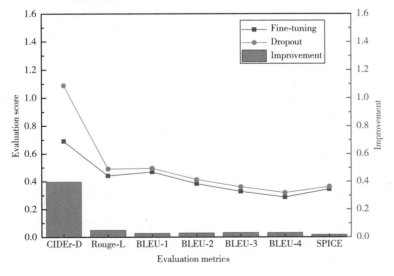

图 4.7　E#1 中避免过度拟合的策略实施效果比较

表 4.4 记录了三个实验中超参数的设置和实验过程情况。首先，在 E#1 的微小数据集上进行实验时，积极简化了模型网络的结构，并在训练过程中采用

了 Dropout 策略，以防止过度拟合。对于 E#2 和 E#3 中较大规模的数据集 P-Ⅱ，也采用了 dropout 的策略，为模型训练过程设置了适当的网络丢弃率，在 E#3 中设置的丢弃率略低于 E#2，因为 ResNet-50 有其称为"快捷连接"的跳过模块[167]，可以在模型训练过程中跳过一个或多个层，也可以取得更好的模型学习效果。其次，初始学习率是模型初始化一个非常重要的指标，因为它决定了损失函数是否能收敛，以及在训练过程中正确率是否趋于大致稳定。由于 E#1 中的数据集较小，模型损失函数需要更大的学习速率才能更快地收敛。此外，本书还采用了批量归一化优化了深度学习训练过程[170]，并使用"Adam"优化器[166]学习网络参数。表 4.4 显示了三个实验中的迭代次数和训练时间。计算机硬件配置方面，E#1 中采用 HD Graphics630（KabyLakeGT2）在小规模数据集上训练模型即可，E#2 和 E#3 则采用了 NvidiaGe Force GTX1080 GPU 在大规模数据集上训练模型[35]。

表 4.4　三组实验的超参数设置和实验过程记录概况

超参数设置和实验过程记录条目		E#1	E#2	E#3
模型结构	"编码器"CNN	VGG-16	VGG-16	ResNet-50
	"解码器"RNN	LSTM	LSTM	LSTM
	解码层的维度	128	512	512
	单词嵌入层数	2	2	2
	单词嵌入层的维度	512	512	512
	是否初始化	NO	YES	YES
	初始化层数	—	2	2
	初始化层的维度	—	512	512
	波束搜索（束宽）	3	3	3
	初始学习率	0.1	0.001	0.001
	CNN 丢弃率	0.7	0.7	0.5
	RNN 丢弃率	0.5	0.5	0.3
词汇量		200	260	260
优化器		Adam	Adam	Adam

续表

超参数设置和实验过程记录条目		E#1	E#2	E#3
批量归一化	周期数	10	10	10
		8	8	8
训练过程	训练时长	1 h 38 min 29 s	52 h 13 min 45 s	30 h 38 min 09 s
	迭代次数	2 200	28 360	28 360
	每次迭代的时长	2.68	6.63	3.89
硬件支持		HD Graphics 630 (Kaby Lake GT2)	Nvidia GeForce GTX 1080 GPU	Nvidia GeForce GTX 1080 GPU

实验时间：2019 年 10 月

　　图 4.8 和图 4.9 显示了与 E#2 和 E#3 的最佳结果所对应的训练过程中的精度和损失值变化过程。对图中的精度和损失值进行多项式拟合分析（级数＝8级）[178] 有助于更清楚地显示精度和损失的变化。如图 4.8 和图 4.9 所示，表明训练精度和损失的拟合线较早停止变化，趋于均匀稳定，损失是收敛的，当前精度在稳定状态下的值也接近后续自动测试结果的值。因此，E#2 和 E#3 中模型的泛化误差较小，表明模型的训练过程是有效的[179]。

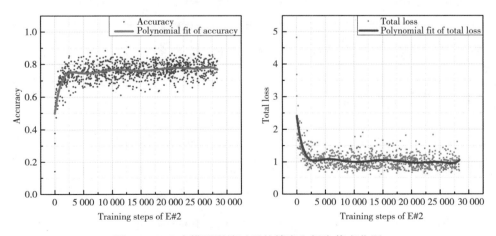

图 4.8　E#2 中模型训练过程的精度和损失值变化图

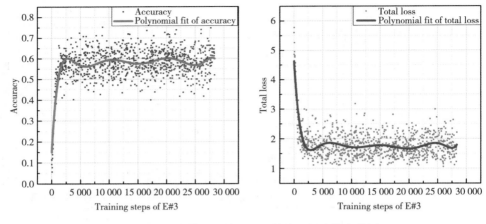

图 4.9　E#3 中模型训练过程的精度和损失值变化图

4.6　实验结果及分析

本实验研究的结果分析包括三个部分。第一,应用自动评价指标[153-156]对本书构建的施工活动场景只能解析方法性能的总体评价,通过实验对比分析了不同模型组合和数据集对本书方法实施效果的影响。第二,对模型的输出结果进行人工评价,主要涉及了与视觉数据内容的相关度和句法正确度两个主观的评价维度。第三,对不同类别场景要素的解析精度评价和对比分析。

4.6.1　自动评价结果

本书中三组实验中每个评价指标的最佳评分结果如表 4.5 所示。参考当前 CV 领域的 MSCOCO 图片描述评估结果:CIDEr-D 指标值为 1.196,Rouge-L 指标值为 0.573,BLEU-4 指标值为 0.369,SPICE 指标值为 0.215。然而,表 4.5 中呈现的各评价指标结果:CIDEr-D 指标值为 1.605,Rouge-L 指标值为 0.651,BLEU-4 指标值为 0.491,SPICE 指标值为 0.364,上述结果均高于 MSCOCO 图片描述评价结果的最高分。以上表明本书图片描述方法的整体性能与 CV 领域的最先进的图片描述方法相当（H_1 验证结果）。值得注意的是，E#1 中 0.364 的 SPICE 远高于其他两组实验；这是因为数据集 P-Ⅰ 中场景要素类别的数量小于数据集 P-Ⅱ，并且数据集 P-Ⅰ 输出到句子生成结果的单个场景要素的概率更高。因此，鉴于本书的研究结果与 CV 领域中基于标杆数据集的图片描述方法相当，可以说明本书所构建的图片描述方法在当前技术水平下是可行的。

接下来对 E#1、E#2 和 E#3 的结果进行了比较和讨论，以探讨不同数据集或不同 DNN 组成对图片描述方法评价结果的影响。

表 4.5　三组实验的自动评价结果

实验组别	评价指标						
	CIDEr-D	Rouge-L	BLEU-1	BLEU-2	BLEU-3	BLEU-4	SPICE
E#1	1.088	0.501	0.518	0.427	0.36	0.318	0.364
E#2	1.545	0.651	0.658	0.576	0.522	0.482	0.349
E#3	1.605	0.616	0.680	0.595	0.537	0.491	0.354

1）E#1 和 E#2 的实验结果对比

表 4.6 给出了 E#1 和 E#2 中多次实验后的有效结果（结果有效指被训练好的模型的泛化能力得到了总损失收敛、精度稳定性和与验证精度比较结果三个方面的证实，训练和测试过程之间没有明显差异）。下画线分数是相应评价指标的最佳结果。最佳结果不一定出现在相同的实验配置中，因为不同度量的评估维度是不同的。

在表 4.6 中，粗体标记的评分结果是每个实验的所有有效结果的平均值。通过比较平均值，图 4.10 直观地显示了使用两个不同数据集和相同 DNN 组合的实验结果的差异，D 值表示了 E#1 和 E#2 这两组实验结果评分之间的差值。研究发现，因为数据集 P-Ⅱ 比数据集 P-Ⅰ 具有更大的图片-句子对的样本量和更丰富类别的场景要素，相同 DNN 组合的模型在数据集 P-Ⅱ（E#2）的实验结果显著优于在数据集 P-Ⅰ（E#1）上的结果（H_3 验证结果）。上述结果符合计算机科学领域现有深度学习模型性能表现的惯例,即当前技术水平下的深度学习模型大都属于监督学习的范畴,其在实际场景中的应用还严重依赖于数据集质量的好坏。

表 4.6　与 E#1 和 E#2 中的配置相对应的自动评价指标评分结果的比较

实验配置		评价指标						
		CIDEr-D	Rouge-L	BLEU-1	BLEU-2	BLEU-3	BLEU-4	SPICE
E#1	1	0.933	0.497	0.479	0.388	0.329	0.287	0.348
	2	1.088	0.490	0.495	0.412	0.36	0.318	0.283
	3	0.950	0.501	0.484	0.395	0.336	0.293	0.299
	4	0.972	0.495	0.518	0.427	0.355	0.296	0.297
	5	0.868	0.482	0.468	0.375	0.316	0.273	0.364
	6	0.898	0.497	0.506	0.391	0.321	0.269	0.347
	7	0.843	0.451	0.446	0.345	0.288	0.25	0.314
	8	0.815	0.438	0.464	0.355	0.289	0.247	0.348
	9	0.934	0.499	0.48	0.391	0.332	0.288	0.349
	10	0.893	0.493	0.475	0.382	0.323	0.279	0.345
	11	0.796	0.423	0.438	0.336	0.277	0.234	0.318
	12	0.611	0.389	0.419	0.311	0.245	0.194	0.276
	13	0.657	0.43	0.449	0.362	0.3	0.253	0.272
	14	0.631	0.426	0.443	0.355	0.292	0.246	0.269
	15	0.972	0.495	0.518	0.427	0.355	0.296	0.297
	平均	**0.857**	**0.467**	**0.472**	**0.377**	**0.315**	**0.268**	**0.315**
E#2	1	1.456	0.64	0.621	0.511	0.424	0.357	0.341
	2	1.493	0.641	0.614	0.502	0.420	0.357	0.344
	3	1.502	0.639	0.615	0.502	0.420	0.357	0.344
	4	1.493	0.641	0.614	0.502	0.420	0.357	0.344
	5	1.496	0.648	0.617	0.514	0.435	0.369	0.326
	6	1.467	0.561	0.671	0.538	0.438	0.366	0.272
	7	1.497	0.645	0.620	0.509	0.424	0.361	0.342
	8	1.130	0.548	0.545	0.428	0.337	0.267	0.237

续表

实验配置		评价指标						
		CIDEr-D	Rouge-L	BLEU-1	BLEU-2	BLEU-3	BLEU-4	SPICE
E#2	9	<u>1.545</u>	<u>0.651</u>	<u>0.658</u>	<u>0.576</u>	<u>0.522</u>	<u>0.482</u>	0.318
	10	1.508	0.642	0.619	0.511	0.423	0.362	<u>0.349</u>
	平均	**1.459**	**0.626**	**0.619**	**0.509**	**0.426**	**0.364**	**0.322**

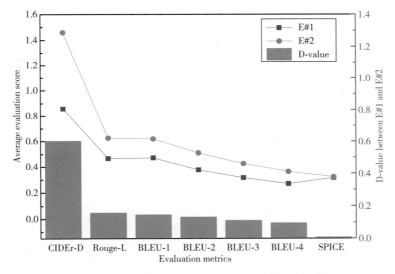

图 4.10　E#1 和 E#2 自动评价结果平均得分比较

2）E#2 and E#3 的实验结果对比

比较 E#2 和 E#3 中相同数据集的评价结果，探讨两种 DNN 组成（即 VGG-16 与 LSTM，ResNet-50 与 LSTM）在同一数据集（即数据集 P-Ⅱ）的性能表现差异。E#2 和 E#3 的实验结果见表 4.7，两组实验的结果比较如图 4.11 所示，结果表明 E#3 的结果整体略优于 E#2，然而，E#2 的实验结果在 Rouge-L 这一评价指标上优于 E#3。因此，从 D 值的角度来看，这两组实验之间的差异与 E#2 和E#3 之间的差异相比并不显著（H_4 验证结果）。这也符合既有研究[174] 的结果，VGG-16 和 ResNet-50 在提取图片标记数据集的标签噪声的鲁棒性方面存在差别,ResNet-50 的性能明显优于 VGG-16[174]。

表 4.7 与 E#2 和 E#3 中的配置相对应的自动评价指标评分结果的比较

实验配置		评价指标						
		CIDEr-D	Rouge-L	BLEU-1	BLEU-2	BLEU-3	BLEU-4	SPICE
E#2	1	1.545	0.651	0.658	0.576	0.522	0.482	0.318
	2	1.508	0.642	0.619	0.511	0.423	0.362	0.349
E#3	1	1.605	0.616	0.680	0.595	0.537	0.491	0.354

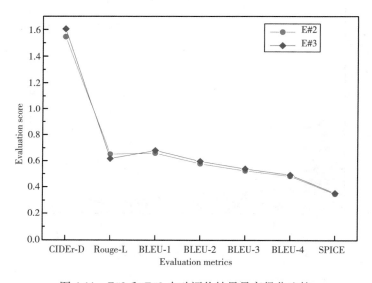

图 4.11 E#2 和 E#3 自动评价结果最高得分比较

综上所述,本书构建的用于解析施工活动场景的图片描述方法的整体性能与 CV 领域前沿的研究结果相当。分组实验的比较结果表明,数据集本身的质量对该方法性能表现的影响较为显著:具有较大规模样本量和活动类别更丰富的数据集对该方法性能表现的影响更好。此外,不同 DNN 组成的模型对于该方法最终性能表现的影响差异不显著,但 E#3 的结果仍然略优于 E#2,在 E#2 和 E#3 之间的句子生成性能也与所选模型的结构特性有关。因此,本研究所构建的方法的性能表现不仅取决于数据集的质量,也取决于模型体系本身的组成结构,至于与研究条件或其他更多不确定因素(例如,实验硬件、研究者能力等)是否有关,笔者将在之后的研究中进一步探索。

4.6.2　人工评价结果

保持 E#1、E#2 和 E#3 实验中的参数设置和研究条件不变,应用各自训练好的模型对来自测试集中的施工活动场景的图片进行自动描述,生成的部分代表性测试结果的示例见表 4.8。在表 4.8 中,用 AG 标记了获得了较高精度评估分数的句子示例,用 B1 标记了部分有明显句法错误的句子示例,用 B2 标记了与场景内容不相关或对场景要素描述不完全的句子示例。另外,表 4.8 中也包含好的或坏的在样本训练集中没有出现过的一些句子(下画线),表明本研究的图片描述模型具备泛化能力,可以实现与预设样本不同情况的场景描述。图 4.12直观展示了本研究方法实现的图片描述结果并按句子的错误等级进行了分组。在图中的第一行,展示了毫无句法错误和描述语句与图片中的施工活动场景密切相关的结果示例;在其他行中,生成的句子与对应图片中的施工活动场景内容均有不匹配性的错误,相应的错误词句已用红色框标记出。

由此可见,人工评价的测试结果证明了该方法可以实现对图片数据中施工活动场景的整体性解析(H_2 验证结果),但从测试结果的句法正确性和与图片场景内容相关性的两个评价维度来看,生成语句本身还存在一定程度的错误。因此,可以判断,在当前技术水平下该方法的实用性还存在一定的提升空间。

表 4.8　图片描述方法测试实验中生成的句子示例

生成的例句	类型*	来源
Two men are tying the steel bars.	G	E#1
A man wearing a yellow helmet and a reflective vest	G	E#1
A man is squatting to tie the steel bars.	G	E#1
A man in a yellow helmet is squatting to tie the steel bars.	G	E#1

续表

生成的例句	类型*	来源
A man in a yellow helmet is pushing a two-wheeled cart.	G	E#1
A man wearing a yellow helmet and a reflective vest	B2	E#1
A masonry worker wearing a yellow helmet and a reflective vest is pulling a two-wheeled cart.	B1	E#1
A man is fixing a brick.	G	E#2
A man wearing a yellow helmet is fixing a brick.	G	E#2
A man wearing a red helmet is cleaning side mortar of the brick wall.	G	E#2
A man wearing a yellow helmet and an orange reflective vest is fixing a brick.	G	E#2
A man wearing a yellow helmet and a yellow reflective vest is fixing the ceramic tiles.	G	E#2
A worker wearing a red hardhat is cleaning side mortar of the brick wall.	G	E#3
A worker wearing a yellow hardhat is cleaning side mortar of the brick wall.	G	E#3
A worker wearing a yellow helmet is fixing a brick wall.	G	E#3
A worker wearing a yellow hardhat is fixing a brick wall.	G	E#3
A man wearing a yellow helmet and a yellow reflective vest is fixing the ceramic tile.	G	E#3
A worker wearing a yellow helmet is fixing a yellow helmet is cleaning side mortar of the brick.	B1	E#3
A worker wearing a worker wearing a yellow helmet is cleaning side mortar of the brick.	B1	E#3
A worker wearing a brick	B2	E#3
A worker wearing a brick wall	B2	E#3

注：* G 表示在每个实验中排名前五的很好的例子；B1 表示有逻辑或句法错误的错误示例；B2 表示并非对场景进行整体性描述的错误示例。

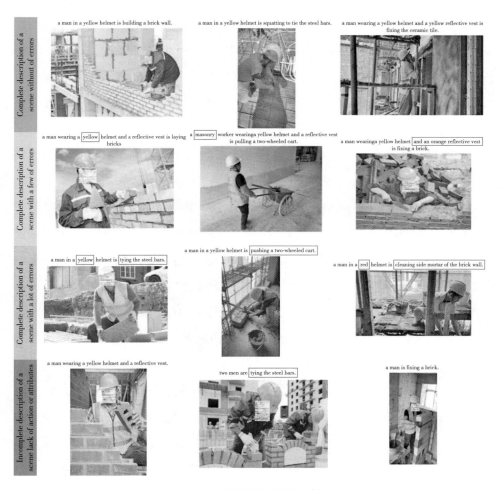

图 4.12　图片描述结果示例

4.6.3　场景要素的解析精度计算结果

为测试上述智能化方法对施工活动场景的解析性能,本研究专门针对两个数据集中的各个场景要素进行精度计算。来自数据集 P-Ⅰ中的 80 张图片(包含运输手推车、钢筋工程和砌体工程)和数据集 P-Ⅱ中的 1 123 张图片(包含搬运手推车、钢筋工作、砌体工作、抹灰工程和贴瓷砖工程)作为本次评估的测试样本,分别采用 E#1 和 E#3 中训练好的模型对上述图片进行智能化解析,即生成关于图片中施工活动场景的描述性语句。根据图中场景要素的分类，分别计算每个相关场景要素和每个类别的精度（Precision）、召回率（Recall rate）和 F-值（F-Score）等指标的评分结果。基于数据集 P-Ⅰ和数据集 P-Ⅱ的测试评分结果分别见表 4.9 和表 4.10，除了对具体的场景要素进行评分，还对同一类场景要素进行归类并计算出同一类所有要素的精度、召回率和 F-值的平均值。

　　图 4.13(a) 和 (b) 中的柱状图呈现了数据集 P-Ⅰ和数据集 P-Ⅱ中不同类别场景要素的解析效果。结果表明，第Ⅰ类实体、第Ⅲ类实体和属性的检索正确性优于另外两类。最有可能的原因是，所提出的图片描述模型体系结构是基于深度学习的"编码器-解码器"框架，这与深度学习本质属于统计学方法这一属性的特点相适应[173]，场景要素的最终预测正确性与其相应的在原始训练集中的样本量的是正相关的，这一结果符合基于大数据的统计学规律，即用于机器学习的样本量越大，学习的效果就越准确。图 4.13(a) 和 (b) 中蓝色曲线图表示各类别场景词汇在训练集中出现的频次，由此可以看出，不同类别的场景要素在精度、召回率和 F 分值上的评分结果（柱状图）与其在原始训练集中的出现频次（蓝色曲线图）的变化趋势是一致的。另外，对比图 4.13(a) 和 (b) 两张图可以发现，由于 E#3 中采用的模型组合和数据集Ⅱ的性能均优于 E#1 中采用的模型组合和数据集Ⅰ，其整体的解析效果也更好，尤其是在第Ⅱ类实体和关系两大类场景要素的表现，要优于 E#1 中的解析效果。

表 4.9　基于图片描述数据集 P-Ⅰ 的场景要素解析精度比较

类别	场景要素	TP+FP	TP+FN	TP	Precision	Recall	F1	平均值/类		
								Precision	Recall	F1
第 Ⅰ 类实体	Worker/man/woman	80	79	79	0.988	1.000	0.994	0.988	1.000	0.994
第 Ⅱ 类实体	Cart	15	45	5	0.111	0.333	0.167	0.273	0.203	0.186
	Brick/block	33	16	6	0.375	0.182	0.245			
	Bars	32	9	3	0.333	0.094	0.146			
第 Ⅲ 类实体	Helmet/hardhat	73	79	73	0.924	1.000	0.961	0.631	0.843	0.707
	Reflective vest	35	71	24	0.338	0.686	0.453			
关系（动作）	Laying/build	31	14	5	0.357	0.161	0.222	0.288	0.210	0.190
	Tie	32	8	3	0.375	0.094	0.150			
	Pull/push	16	45	6	0.133	0.375	0.197			
属性	Color-"yellow"	36	72	32	0.444	0.889	0.593	0.564	0.902	0.688
	Count of workers-"1"	59	79	54	0.684	0.915	0.783			

表 4.10 基于图片描述数据集 P-Ⅱ 的场景要素解析精度比较

类别	场景要素	TP+FP	TP+FN	TP	Precision	Recall	F1	平均值/类		
								Precision	Recall	F1
第Ⅰ类实体	Worker/man/woman	1 223	1 178	1 178	0.963	1.000	0.981	0.963	1.000	0.981
第Ⅱ类实体	Ceramic titles	33	74	19	0.576	0.257	0.355	0.630	0.405	0.441
	Brick/block	1 187	971	965	0.813	0.994	0.894			
	Mortar	338	537	202	0.598	0.376	0.462			
	Bars	3	52	2	0.667	0.038	0.073			
	Wall	423	583	211	0.499	0.362	0.419			
第Ⅲ类实体	Helmet/hardhat	771	1 000	632	0.820	0.632	0.714	0.697	0.430	0.520
	Reflective vest	136	342	78	0.574	0.228	0.326			
关系（动作）	Fix	797	134	99	0.124	0.739	0.213	0.177	0.606	0.261
	Clean	423	205	97	0.229	0.473	0.309			
属性	Color-"yellow"	472	672	343	0.727	0.510	0.600	0.821	0.765	0.786
	Color-"red"	299	310	243	0.813	0.784	0.798			
	Count of workers-"1"	1 223	1 131	1 131	0.925	1.000	0.961			

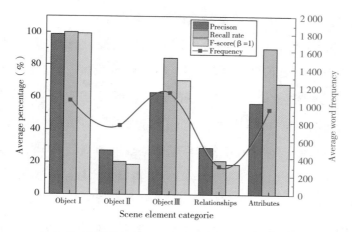

（a）基于图片描述数据集P–Ⅰ的场景要素解析精度分布

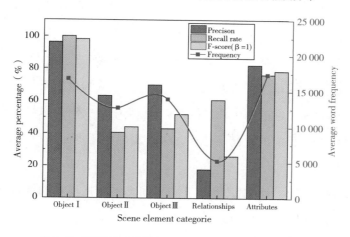

（b）基于图片描述数据集P–Ⅱ的场景要素解析精度分布

图 4.13　图片数据中不同类别场景要素解析精度比较

4.7　本章小结

本章介绍了一种基于图片数据的施工活动场景智能解析方法,具体通过构建专门的关于施工活动场景的图片描述数据集和基于深度学习的图片描述模型来实现解析施工活动场景的智能化过程。首先,根据第 3 章提出的关于图片数据驱动下的施工活动场景解析的理论架构构建了本研究所需的图片场景解析数据集。然后，建立了一个组合的图片描述模型，通过集成 VGG-16[148] 或 ResNet-50[167] 作为视觉信息的"编码器"、Skip-gram 模型[169] 作为单词嵌入模块和 LSTM[121] 作为描述性语句生成的"解码器"。最后，开展了具体的实验研究，对方法的可行性和具体的解析性能进行了测试验证。研究结论包括三个方面：

①自动评价结果表明，该方法的自动描述性能与当前 CV 领域最先进的图片描述方法的性能相当（H_1 得以验证）；分组实验的比较结果表明，数据集本身的质量对该方法性能表现的影响较为显著，即具有较大规模样本量和活动类别更丰富的数据集对该方法性能表现的影响更好（H_3 得以验证）。此外，不同 DNN 组成的模型对于该方法最终性能表现的影响差异不显著（H_4 未能得以验证）。

②人工评价的测试结果表明该方法可以实现对施工活动场景的整体性解析（H_2 得以验证），且证明了该方法的泛化能力，但从测试结果的句法正确性和与图片场景内容相关性的两个评价维度来看，鉴于生成语句本身还存在一定程度的错误，因此，在目前的研究条件下方法的实用性还将面临一定的挑战，需进一步改进。

③计算数据集 P-Ⅰ 和数据集 P-Ⅱ 中不同类别场景要素的解析精度的结果表明，基于当前的实验条件整体来看，第Ⅰ类实体、第Ⅲ类实体和属性的解析精度优于另外两类；采用性能更加优质的深度学习模型组合和数据集（E#3 中的整体配置优于 E#1），可以整体性地优化对各类场景要素的解析效果。因此，从本研究中所构建方法的解析精度和智能化表现综合来看，后续可以通过扩展其专用数据集和提高模型组合本身的性能来进一步改进方法。

第5章　基于视频数据的施工活动场景智能解析方法实验研究

5.1　研究概述

本书有两个研究目的:一是通过构建基于视频数据的施工活动场景解析方法验证已构建的视觉数据驱动的施工活动场景智能解析方法理论框架;二是通过实验研究实现基于视频数据的施工活动场景解析的过程的智能化,并验证和讨论该智能化方法的实用性。

与构建基于图片数据的施工活动场景智能解析方法类似,通过同时使用动态的视觉信息和自然语言句子为自动地表示视频数据中场景信息提供了一种解决方案[104,124,126,151,152]。但与图片描述任务相比,视频描述的任务相对更具挑战性,因为并不是视频中整个时段的所有对象需要被最终描述出来,例如在观察到的活动中检测到不起任何作用的对象则不必展现出来[124]。

近年来,在视频字幕模型结构的相关研究中以"编码器-解码器"框架为基础,在这个编码阶段,CNN、RNN 或 LSTM 被使用来学习这些视觉特征,然后在解码阶段进行文本生成;对于解码,主要以使用了不同种类的 RNN 为主,如 Deep-RNN、Bi-RNN、LSTM 或 GRU。近年来采用该框架构建视频描述模型的研究实例居多,典型模型如 S2VT[152]。值得注意的是,要构建本书所需的施工活动场景的视频描述方法需要解决以下两个问题:一是视频描述方法有密集视频字幕和长视频描述之分,本书所构建的模型架构需兼顾不同长度和不同内容的视频描述任务。二是现有的 CV 领域的标杆性视频描述数据集(例如 MSR-VTT[45] 和 MSVD[46])不能适应建筑施工活动相关的场景,因此本书需要创建专用的施工活动场景密集视频描述数据集。与第 4 章中构建专门的图片解析的数据集相似,本研究的数据集亦严格按照第 3 章提出的关于视频数据驱动下的施工活动场景解析的理论架构,开发专用的视频场景解析数据集。

为满足以上需求,研究步骤如图 5.1 所示。首先,设计并验证了一种全新的

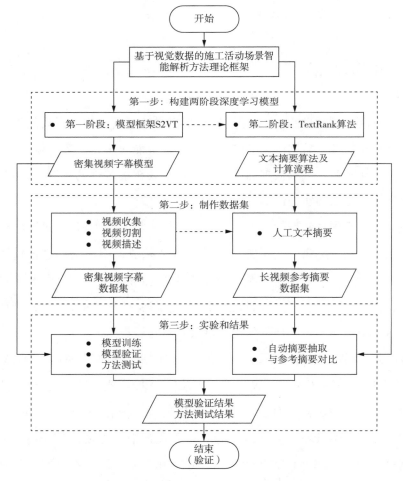

图 5.1　基于视频数据的施工活动场景智能解析方法研究流程图

两阶段深度学习模型,用来自动描述视频数据中的施工活动场景信息,该模型分为两个阶段:一是生成密集视频字幕阶段,借鉴了经典的视频字幕模型 S2VT 的基本框架;二是文本摘要阶段,采用抽取式文本摘要[180]方法对长视频中施工活动场景的整体描述。其次,开发本研究所需的系列视频描述数据集。然后,进行实验研究和结果分析,结果表明该方法的密集视频字幕生成阶段的性能与当前 CV 领域最先进的方法的性能相当。最后,本书还全面比较了基于图片数据和视频数据的施工活动智能解析方法,分别从方法的理论框架、方法的实现过程以及方法的验证结果等三个层面对两个方法的相同点和不同点进行了系统性的梳理。

5.2　视频描述模型

由于视频数据长短不一、包含信息复杂多变,本书构建了一个两阶段的方法来对其进行描述,分别为密集视频字幕模型阶段和文本摘要阶段,以便于全面高效地对视频数据中场景信息进行智能化解读和理解。

5.2.1　第一阶段:密集视频字幕模型

本书用于生成密集视频字幕的模型采用的是一个典型的"序列到序列"(Sequence to Sequence)模型架构,现有相关研究应用了该框架的典型模型有 S2VT[152],其基本架构如图 5.2 所示。流图像(即连续的视频帧)通过 CNN 传递,并作为输入提供给 LSTM。流 CNN 模型已被证明有利于对视频中的活动进行识别[181]。堆叠的 LSTM 单元对视频帧进行编码;在读取完所有视频帧后,模型将逐词生成句子。视频帧的编码和单词表达式的解码是从并行脚本中共同学习的。

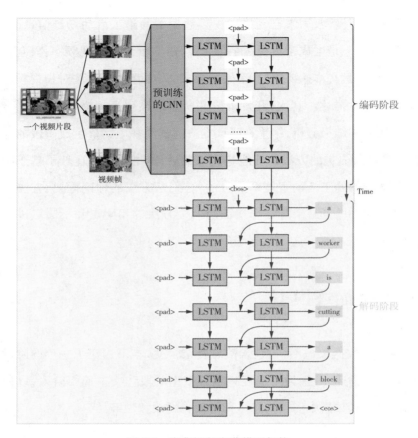

图 5.2　密集视频字幕模型架构

在该模型架构中，输入的视频帧序列可表示为$(v_1, \cdots, v_n)$，输出的单词序列表示为$(s_1, \cdots, s_m)$。输入和输出通常是可变的长度有所不同，例如在本研究中，视频帧数比单词多得多。该模型实现视频描述的基本原理是，在给定输入序列$(v_1, \cdots, v_n)$的情况下，估计输出序列$(s_1, \cdots, s_m)$的条件概率，即：

$$p(s_1, \cdots, s_m | v_1, \cdots, v_n) \tag{5.1}$$

此问题同样类似于自然语言之间的机器翻译任务[115,116]，即如图 4.5 中所示将输入语言中的单词序列翻译为输出语言中的单词序列。鉴于现有研究已证明了使用 LSTM 这一 RNN 可以有效地解决序列推理问题[41,149]。本书同样将上述范式扩展到由视频帧序列组成的输入，从而生成视频描述的方法。下文将详细描述本书模型架构,以及视频和句子的输入和输出表示。

1)选用 LSTM 作为"编码器"和"解码器"

处理可变长度输入和输出的主要思想是:首先对视频帧的输入序列进行编码,一次使用一个潜在的向量表达式来表示视频数据,然后再将该向量表达式解码为一个句子,每一次迭代生成一个单词。依赖于文献[121]中提出的 LSTM 单元,对于时刻 t 处的输入 v_t,LSTM 计算出了隐藏状态 h_t 和存储单元状态 c_t,该存储单元状态 c_t 是单元在时间 t 之前所观察到的一切表示:

$$
\begin{aligned}
i_t &= \sigma(W_{xi}v_t + W_{hi}h_{t-1} + b_i) \\
f_t &= \sigma(W_{xf}v_t + W_{hf}h_{t-1} + b_f) \\
o_t &= \sigma(W_{xo}v_t + W_{ho}h_{t-1} + b_o) \\
g_t &= \sigma(W_{xg}v_t + W_{hg}h_{t-1} + b_g) \\
c_t &= f_t \odot c_{t-1} + i_t \odot g_t \\
h_t &= o_t \odot \phi(c_t)
\end{aligned} \tag{5.2}
$$

其中,σ 代表 sigmoid 激活函数,ϕ 代表双曲正切激活函数,$\odot$ 代表与各门值(即 i、o 和 g)的元素乘积,W_{ij} 表示权矩阵和偏倚,b_j 为训练参数。

因此,在编码阶段,给定输入序列 $V(v_1,\cdots,v_n)$,LSTM 计算隐藏状态序列 $(h_1,\cdots,h_n)$。在解码期间,假定输入序列 V 为 $p(S|V)$,则它在输出序列 $S(s_1,\cdots,s_m)$ 上定义分布为:

$$
p(s_1,\cdots,s_m|v_1,\cdots,v_n) = \prod_{t=1}^{m} p(s_t|h_{n+t-1},s_{t-1}) \tag{5.3}
$$

其中,$p(s_t|h_{n+t})$ 的分布由 softmax 在词汇表中所有单词上给出,见式(5.3)。另外,h_{n+t} 是从 h_{n+t-1},s_{t-1} 根据 LSTM 模型中的递归获得的,见式(5.2)。

本书采用的模型与 SV2T[152] 中的类似,同样使用两个 LSTM 的堆栈,每个 LSTM 都有 1 000 个隐藏单元。图 5.2 显示了随着时间的推移展开的 LSTM 堆栈。当将两个 LSTM 堆叠在一起时,第一 LSTM 层(蓝色)的隐藏表示(h_t)作为输入(v_t)提供给第二个 LSTM(橙色)。架构中的首层 LSTM 用于对视频帧的序列进行建模,而第二层的 LSTM 用于对输出词的序列进行建模。

2）视频输入

与既有的基于 LSTM 的图片描述工作[116,119]和视频转文本方法[182]类似,本书应用 CNN 对视觉中的特征数据进行提取,并将最后一层的输出作为 LSTM 单元的输入。本书采用了 VGG-16 作为处理视频输入的 CNN[148],并在包含了 120 万张图片的 ImageNet ILSVRC-2012[176]的对象分类子集上对 VGG-16 进行了预训练。每个输入的视频帧首先被缩放到 256×256 像素,并被裁剪到 227×227 的随机区域,然后由 CNN 处理。本书去除了原来 CNN 的最后一个全连接分类层,并在视频帧中学习得到了新的线性嵌入特征,并存放到 500 维的向量空间里。低维特征构成了第一个 LSTM 层的输入(v_t)。在训练过程中,联合嵌入的权值与 LSTM 层进行进一步学习。

除了原始视频的图像（RGB）帧的 CNN 输出外,本书还考虑将光流测量作为输入序列加入到本书的视频描述模型体系结构中。既有研究已经表明,将光流信息纳入 LSTM 可以改善活动分类效果[119,181]。由于本书的所有描述都是以建筑施工活动为中心的,在此也将探讨视频描述模型采用这一选项的情况。本书借鉴文献[119,152]中的方法,首先提取经典的变分光流特征。其次,将 v 和 s 流值集中在 128 左右,然后乘以标量,使流值介于 0 和 255 之间;计算了流量大小,并将其作为第三个通道添加到流量图像中。然后,在 YouTube Clips 数据集上训练 CNN,进行权重初始化[46],将光流图像分类为 101 个活动类。CNN 的最后一个全连接层激活后被嵌入到一个较低的 500 维空间中,然后作为 LSTM 的输入。对于流输入,LSTM 体系结构的其余部分保持不变。

在组合模型中,我们使用浅层融合技术来整合流和 RGB 特征。在解码阶段的每个时间步,该模型提出一组候选词。然后,我们用 flow 和 RGB 网络的分数加权和重新计算这些假设,其中我们只需要重新计算每个新词 $p(s_t = s')$ 的分数:

$$\alpha \cdot p_{rgb}(s_t = s') + (1 - \alpha) \cdot p_{flow}(s_t = s') \tag{5.4}$$

超参数 α 在验证集上进行了调整。

3）文本输入

单词的目标输出序列使用一个热向量编码来表示（1-of-N 编码，其中 N 是词汇表的大小）。与处理视频帧特征类似，本书通过对输入的文本进行线性变换并通过反向传播学习其参数，将单词嵌入到较低的 500 维空间中。嵌入的词向量与第一个 LSTM 层的输出（h_t）连接在一起，形成第二个 LSTM 层的输入（图 5.3 中标记为橙色）。对于 LSTM 的输出，本书在完整的词汇表上应用了 softmax 非线性函数，如式（5.2）所示。

5.2.2　第二阶段：长视频摘要提取模型

本研究对长视频摘要的提取主要分为两个部分实现，一是以生成的长视频的密集视频字幕为输入和预处理，二是实现文本摘要算法。

1）文本摘要算法

常见的文本摘要方法有两大类：抽取式文本摘要[180] 和生成式文本摘要[183]。抽取式文本摘要是从原文中提取最重要的 N 个句子直接作为摘要句，生成式文本摘要是根据原文内容的含义进行归纳分析，得到高度概括的新句子，这与人类的思维方式更为相近。然而，生成式文本摘要需要更先进的 NLG 技术来实现上述的归纳分析过程，进而生成新的句子作为摘要句；而且，基于当前的智能化技术水平还需要更大规模的数据集来训练摘要生成的模型[184]。因此，考虑本书对基于视频数据的施工活动场景的多层次解析的需求，采用抽取式文本摘要法对动作层次的摘要句进行提取，以保留其与视频中视觉场景的客观对应关系。

本书选用经典的 TextRank 算法[185] 作为动作层面摘要句抽取的计算模块和算法实现。以下为 TextRank 算法实现的步骤[184]：

第一步：从生成的密集字幕集合 F 中划分出所有候选句。对集合 F 中的候选句子进行一一编码，表示为 $\{S_1, S_2, \cdots, S_n\}$，即 $F = \{S_1, S_2, \cdots, S_n\}$。以候选句子为节点构建网络图 $G(T, E)$，其中，T 是节点的集合，E 是边的集合。

第二步：计算候选句子间的相似度，得到的相似度 $simil(S_i S_j)$ 作为候选句子 S_i 和 S_j 间在网络图中边的权值（如图 5.3 所示），w_k 为候选句子 S_i 和 S_j 的内单词的公共子序列，根据式（5.5）计算可得。

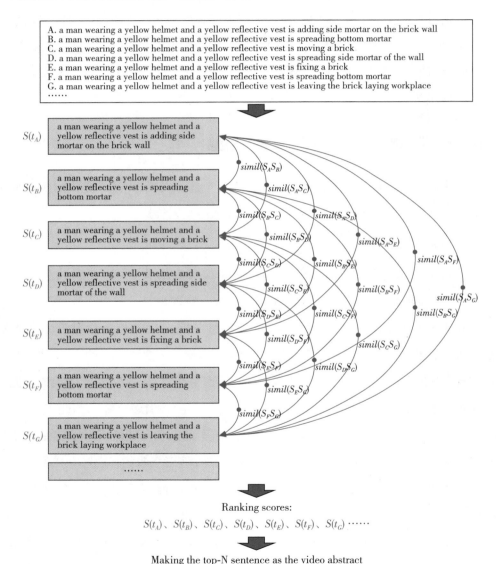

图 5.3　基于 TextRank 算法的视频摘要提取过程示意图

$$simil(S_iS_j) = \frac{|\{w_k|w_k \in S_i \,\&\, w_k \in S_j\}|}{\log(|S_i|) + \log(|S_j|)} \tag{5.5}$$

第三步：根据迭代公式计算得到所有候选句子的 TextRank 值，公式如下：

$$S(t_i) = (1 - \rho) + \rho \cdot \sum_{t_j \in I(t_i)} \frac{w_{ij}}{\sum_{t_k \in O(t_j)} w_{jk}} S(t_j) \tag{5.6}$$

其中，ρ 表示计算候选句子得分的阻尼系数，本书依据现有相关研究[184]取值为 0.85。$I(t_i)$ 代表所有指向候选句子 t_i 的集合，$O(t_j)$ 代表从候选句子 t_j 出发指向其他候选句子的顶点的集合，w_{ij} 代表两个顶点之间的边的权值，即 $w_{ij} = simil(S_iS_j)$，$S(t_i)$ 即为位于节点 t_i 的最终得分——候选句子 t_i 的 TextRank 值。

第四步：对所有候选句子按照其 TextRank 值的高低排列，选出最高分的 N 个句子作为该长视频在动作层面的摘要句。

2）计算流程

长视频摘要提取的计算流程如图 5.4 所示。首先，输入长视频对应的所有动作层面的描述语句，进行分词操作，并且保证处理后的句子的数量不变，以便于后面根据 TextRank 值提取出未处理之前的句子作为摘要。其次，利用 Word2Vec[186]生成词向量。Word2Vec 模型，是"自监督"的，通过训练一个语言模型来获取词向量。所谓语言模型，是通过前一个词预测后一个字的概率的多分类器，即首先输入独热编码（One-Hot），然后连接一个全连接层，然后再连接若干个层，最后接一个 softmax 分类器，就得到语言模型了，再将大批量文本输入语言模型进行训练，最后得到第一个全连接层的参数，就是字、词向量表。在上述模型的基础上，Word2Vec 在语言模型本身做了大量的简化，第一层还是全连接层，全连接层的参数作为字、词向量表。然后，利用训练后的 Word2Vec 自定义"单词嵌入"模块。最后，输出基于 TextRank 算法的长视频摘要，包括计算句子之间的余弦相似度并构成相似度矩阵，利用句子相似度矩阵构建图结构，得到所有候选句的 TextRank 值，最后排序取出得分最高的前 3 个句子作为摘要。

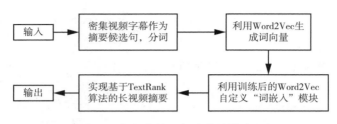

图 5.4　长视频摘要提取的计算流程

5.2.3　视频描述方法的完整实施流程

综合上述两个阶段的模型特点和本书构建基于视频数据的施工活动场景智能解析方法的目的,视频描述方法的完整实施流程如图 5.5 所示。

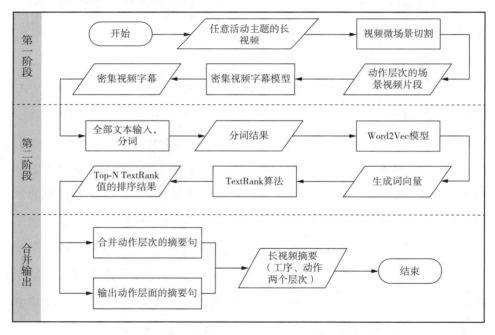

图 5.5　基于视频数据的施工活动场景智能解析方法实施完整流程图

第一阶段:通过对长视频进行微场景的切割和采用训练好的密集视频字幕模型生成该段长视频的密集视频字幕,即为该段长视频的所有动作层次的微场景解析语句。第二阶段:将第一阶段生成的所有密集视频字幕作为文本摘要阶段的输入,经过分词、Word2Vec 模型生成词向量和计算候选句子的 TextRank 值的步骤后,得到 N 个动作层次的施工活动场景摘要句。最后将抽取出的 N 个摘要句进行合并(合并指根据最终抽取的 N 个动作层次的摘要句生成包含以上几个工人动作场景的工序层次的视频描述句)和组合排列,得到关于该长视频完整的摘要描述,涉及工序和动作层次的施工活动场景内容。关于从动作层次的视频摘要句合并成工序层次的视频描述句的步骤,具体参照图 3.4 的场景划分示意图,将动作层次的摘要句中涉及的具体的动宾短语替换成对应所属的工序的动宾短语,例如,将"fixing a brick"替换为"building a brick wall",保持实体及其属性的主语部分不变;当动作层次的摘要涉及了多个并列关系的工序时,对工序层次的视频摘要的动宾短语通过连接符号(例如",")或连接词(例如"and"和"as well as")进行连接。具体的、完整的视频摘要的生成示例在第 5.4 节中进行了详细说明。

5.3 视频描述数据集

5.3.1 数据集构建规则

由于本研究对视频中施工活动场景的智能化解析过程设置了两个阶段:密集视频字幕阶段和文本摘要阶段,与这两阶段的模型相适应,本研究的数据集也包括两个部分,一是聚焦建筑工人微场景的密集视频字幕数据集,二是长视频参考摘要数据集。从"视频数据的获取"到"数据集构建"的过程需满足特定的规则,以便构建符合本章实验目的的专用数据集。

1)视频数据获取

在制作基于视频数据的施工活动场景解析数据集之前,视频数据的收集过程必须满足以下要求:①本研究所涉及建筑活动场景的视频必须采用数码相机从真实的建筑工地收集而来；②每个原始视频片段只聚焦单一大类的施工活动，如砌筑工程或抹灰工程只能在同一个原始视频中出现其中一种；③每个原始视频片段至少有三分之二的时间要聚焦在包含有建筑工人实施作业的建筑施工活动上；④鉴于当前前沿的密集视频描述方法均是以深度学习算法为基础的[104]，因此总体视频数据的量要足以支撑后续的模型进行深度学习。

2）密集视频描述规则

本研究将以第 3 章中提出的理论框架对视频数据进行解构和表征，以图3.5中关于视频数据的解析思路为指导，首先对长视频按照视频切割方法（二）划分成以建筑工人的动作为主要内容的微场景，使其每个时长单元的视频片段发生一个关键性动作；用语法正确、句法结构完整的自然语言句子描述每个时长单元里的施工活动场景，包含其相关的主要实体、关系和属性。遵循 CV 领域标杆的密集视频字幕数据集（例如，MSR-VTT[45] 和 MSVD[46]）的构建规则，每个微小的视频片段采用多个大意相同但形式不同的句子进行描述，本书也同样设定至少采用 5 个不同的句子对每个单位时长的视频片段进行场景描述，描述的语言为英文。视频描述的过程是人工进行的，本研究对视频片段的描述在句法方面还要求遵循如下八条要求：①描述视频片段中与场景相关的所有重要部分；②每个时长单元的描述只聚焦一类建筑工人的作业（动作）；③不要用"there is"开头；④不必描述不重要的细节；⑤不要描述视频片段以外的可能发生的事情；⑥不要描述视频中的语音信息；⑦不要给人起真名；⑧句子至少应该包含 8 个单词。

3）长视频摘要生成规则

根据图 3.4 中的微场景划分方法对长视频按照工序和动作进行划分，并从"活动类别""工序"和"工人动作"三个方面对视频中的施工活动场景进行综合性描述。在对各个长视频片段进行摘要性描述时，遵循以下三方面的要求：①观察视频中具体的施工工序，以及每道工序中建筑工人的动作；②由人工根

据视频的视觉内容进行总体归纳,总体描述出其所属的活动类别和施工工序;
③列举出最能反映该视频内容的建筑工人的动作,并与密集视频字幕的描述结
果相对应。

5.3.2　数据集构建过程

　　基于上述规则说明,在以下步骤中创建了一个围绕建筑施工活动场景主题
的专用密集视频字幕数据集和长视频参考摘要数据集,专用的密集视频字幕数
据集被称为"施工活动场景视频字幕数据集"(video captioning dataset of
construction activity scenes,简称 CAS-VCD);专用的长视频参考摘要数据集被称
为"施工活动场景的长视频摘要数据集"(long video summary dataset for
construction activity scenes,简称 CAS-LVSD)。

　　第一步,施工活动类别选择。选择了三类施工活动场景:砌筑工程、抹灰工
程和贴瓷砖工程。所有视频都是在实际的施工工地上现场拍摄的。本研究中
上述三种施工活动场景中的关键元素在表 4.1 中已包含在内。

　　第二步,视频切割。按照图 3.4 中的第三层次划分微场景,并按照建筑工人
的动作设置各自视频切割的最小时长单元,本书设置的单位时长为 5 秒或 6
秒,重叠率为 50%。

　　第三步,密集视频描述。视频数据集中的场景要素分类依然如图 4.1 所示。
视频片段的描述语句同样是由研究者本人纯人工组织的,并且单个视频片段的
描述规则符合 MSCOCO 标题数据集的各项构建规则[163]。同样考虑了描述语
句中同义词的替换、主动语态和被动语态的转换、伴随特征和属性的增删以及
其他更多形式的句子转换。图 5.6 分别展示了三类活动类型的视频片段描述
示例。

	活动类别:砌筑工程 视频片段名称:SCL_VIDEO2019-00004_clip_00000021
	a man wearing a yellow helmet and a yellow reflective vest is spreading bottom mortar on the brick wall. a worker wearing a yellow hardhat and a yellow reflective vest is spreading bottom mortar on the block wall. a worker is spreading bottom mortar on the brick wall. a man is spreading bottom mortar on the brick wall. a worker is spreading bottom mortar on the block wall.
	活动类别:抹灰工程 视频片段名称:SCL_VDEO2019-10004_clip_00000003
	a man wearing a blue hat is plastering for a brick wall. a worker wearing a blue hat is plastering for a block wall. a worker in a blue hat is plastering for a brick wall. a man in a blue hat is plastering for a brick wall. a worker in a blue hat is plastering for a block wall.
	活动类别:贴瓷砖工程 视频片段名称:SCL_VIDEO2019-20016_clip_00000005
	a man wearing a yellow helmet and a yellow reflective vest is laying the ceramic tiles. a worker in a yellow hardhat and a yellow reflective vest is laying the ceramic tiles. a workman is sticking the ceramic tiles. a man is sticking the ceramic tiles. a worker is sticking the ceramic tiles.

图 5.6 密集视频字幕数据集中三类施工活动场景描述示例

第四步,长视频参考摘要。本研究的视频摘要部分主要对原始的长视频进行表征,根据图 3.4 中的场景划分方法对长视频的摘要提取可分为以下步骤:首先,识别出长视频中主要的施工工序(一个长视频通常不只包含一种工序,如在砌体工程相关的视频中,可以出现垒墙砖、切割砌块或测量墙体等工序)并进行总体性的描述;其次,由于一个工序包含多个工人的动作,长视频中工序的连续性也将导致工人的动作是循环或重复出现的,对各个工序按时序进行工人动作层面的分解,从密集视频字幕提取出对应的关于工人动作的描述语句作为长视频在动作层面的摘要描述候选句,这些句子是不重复的;然后,对提取出的所有不重复的动作描述语句按其场景在长视频中的累计持续时长的长短进行降序排列,选择排序前三($N=3$)的句子作为该长视频在动作层次的摘要性描述。最后,整合长视频中在工序和工人动作层面的摘要性描述,作为长视频的参考摘要。图 5.7 呈现了一个长视频分解和摘要生成的示例。

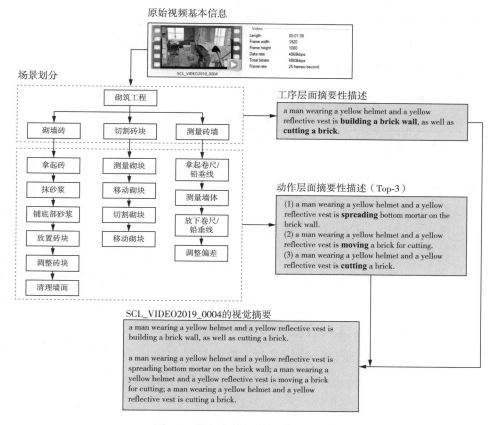

图 5.7　长视频摘要数据集描述示例

　　所有被划分的微场景视频片段和相应的描述性句子都是成对编码的,作为后续深度学习模型的输入。最终得到本研究所需的密集视频字幕数据集和长视频参考摘要数据集。密集视频字幕数据集(CAS-VCD)的概况如表 5.1 所示。该数据集原始长视频片段 174 个,总时长有 36 732.24 s,被按照微场景进行切分为 6 423 个视频片段,最终形成 32 115 个(即 6 423×5)视频片段-句子对(clip-sentence pair)的密集视频字幕数据集。其中,与砌筑工程相关的有 123 个,总时长有 31 063.14 s,被切分成 5 537 个视频片段,形成 27 685 个(即 5 537×5)视频片段-句子对,所含单词总量为:380 499;与抹灰工程相关的有 14 个,总时长有 2 595.80 s,被分成 385 个视频片段,形成 18 191 个(即 385×5)视频片段-句子对；与贴瓷砖工程相关的有 37 个，总时长有 3 073.30 s，被切分成 501 个视频片段，形成 2 505 个（即 501×5）视频片段-句子对。对于该数据集在后续的模型训练的应用，66% 的视频片段-句子对用作训练集，16% 用作验证集，其余 17% 则用作测试集。

表 5.1　密集视频字幕数据集概况

CAS-VCD		视频数量	视频片段数	时长/s	句子数量	单词数量
活动分类	砌筑工程	123	5 537	31 063.14	27 685	335 866
	抹灰工程	14	385	2 595.80	1 925	18 191
	贴瓷砖	37	501	3 073.30	2 505	26 442
总计		174	6 423	36 732.24	32 115	380 499

长视频参考摘要数据集（CAS-LVSD）的概况如表 5.2 所示，原始长视频片段 174 个，生成视频摘要 174 段，对应的动作层面的场景描述句（在每一段视频内不重复）的数量为 832 句，单词总量为 11 371 词，三大类别施工活动相关的工人动作场景分别为砌筑工程 720 句（10 070 词）、抹灰工程 31 句（322 词）、贴瓷砖工程 81 句（979 词）；提取各段视频内部的 TOP-3 的动作场景句共有 423 句，三大类别施工活动对应的动作场景摘要句为 325 句、25 句和 73 句。

表 5.2　长视频摘要参考数据集概况

CAS-LVSD		视频数量	动作层面场景句（TOP-3）数量	单词数量
活动分类	砌筑工程	123	720（325）	10 070
	抹灰工程	14	31（25）	322
	贴瓷砖	37	81（73）	979
总计		174	832（423）	11 371

5.4　研究假设

由第 3 章的理论框架可知，基于视频数据的施工活动场景的解析思路比基于图片数据的场景解析思路更加复杂。本章的前两个小节中已构建了两阶段的视频描述模型（即第一阶段为密集视频字幕模型，第二阶段为文本摘要模型）和视频描述数据集（即密集视频字幕数据集 CAS-VCD 和长视频参考摘要数据集 CAS-LVSD）。因此，在接下来的实验研究仍然分两阶段进行，分别为：

阶段 1（记作 P#1）：密集视频字幕模型（VGG-16 和 LSTM）@ 数据集 CAS-VCD；

阶段 2（记作 P#2）：长视频摘要提取模型（Word2Vec & TextRank）@ 数据集 CAS-LVSD。

针对本书视觉描述方法的第一阶段的开展实验研究 P#1，与图片描述方法构建一样，有两方面的目的：一是针对密集视频字幕模型的测试结果，验证是否实现了对视频数据中动作层次的施工活动场景的整体性解析以及解析精度如何；二是设计和验证了密集视频字幕方法来实现对微小片段中动作层次的施工活动场景进行智能化解析，即通过本书自制的密集视频字幕数据集 CAS-VCD 对构建的密集视频字幕模型（流 VGG-16 和 LSTM）进行训练，通过比较验证结果与 CV 领域的标杆数据集下的结果，以确定本研究密集视频字幕方法实现其动作层次施工活动场景解析智能化的水平。那么，对第一阶段的实验结果提出假设 H_5 和 H_6。

H_5：自动评价结果与 CV 领域标杆数据集下的最优的模型验证结果相当。

H_6：人工评价结果显示可以实现对施工活动场景的整体性解析。

针对本书视频描述模型的第二阶段开展实验研究 P#2，由于该阶段不涉及深度学习的算法，属于"自监督式"的摘要句抽取方法，因此其智能化中的自动化属性无须验证，但针对长视频从生成的密集视频字幕中抽取摘要句进行的过程体现了对工序层次施工活动场景进行解析的智能化过程；因此，针对长视频摘要最终生成的测试结果进行人工评价，可以长视频最终摘要生成的实验结果做出假设 H_7。

H_7：P#2 的人工评价结果显示本研究所构建方法可实现对长视频工序层次施工活动场的智能解析。

5.5　实验设置及过程

训练基于深度学习的密集视频字幕模型主要涉及两个方面的任务：一是避免过度拟合，二是确定超参数。本书同时采用了两种方法来规避训练过程的过拟合现象。一方面，采用"微调"法[175]对模型中的 CNN 进行预处理，即本研究中 CNN 的部分权重，从预先在大数据集上 ImageNet[176]训练的 CNN 模型上加载下来，该方法被证明在数据特征提取方面有明显的效果[187-189]。另一方面，与第4 章中的实验研究和既有其他研究[115,116]相似，本研究同样采用丢弃法[177]以避免在训练密集视频模型时其发生过拟合。

表 5.3 给出了实验中必要的超参数设置情况和实验过程的记录。首先，CNN 选用在超大数据集 ImageNet[176]训练的 CNN 模型作为在 VGG-16 上微调的初始权重参数，设置 LSTM 的初始丢弃率为 0.5，以防止过度拟合。其次，设置本研究密集视频字幕模型的初始学习率为 0.000 1。此外，批量归一化优化了深度学习训练过程[170]，并使用随机梯度下降法（stochastic gradient descent，SGD）作为优化器[173]来提高网络参数学习的效果。表 5.3 还记录了本次实验的迭代次数和训练时间。采用的关键计算机硬件为 Nvidia GeForce GTX 1 080 ti GPU，其中训练过程计算的迭代次数为 15 797 次，整体训练时长为 4 小时 23 分 18 秒。图 5.8 表示了本实验训练过程中损失值变化趋势。这表明训练损失的拟合线较早停止，趋于均匀稳定，且损失收敛，当前精度在稳定状态下的值接近后续测试结果的值，由此表明模型的训练过程是有效的[179]。

表 5.3　密集视频字幕模型实验配置及超参数设置情况

	设置条目	参数/详情
	流 CNN	VGG-16
模型结构	"编码器"RNN	LSTM
	"解码器"RNN	LSTM

续表

	设置条目	参数/详情
模型结构	隐藏层序列的维度	500
	帧序列的维度	4 096
	初始学习率	0.000 1
	RNN 丢弃率	0.5
词汇量		168
优化器		SGD
批量归一化	周期数	100
	批量大小	10
训练过程	训练时长	4 h　23 min　18 s
	迭代次数	15 797
	时长(s)/次(迭代)	6.63
计算机硬件支持		Nvidia GeForce GTX 1080 ti GPU

实验时间:2020 年 11 月

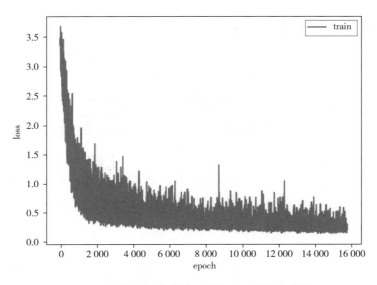

图 5.8　密集视频字幕模型训练过程的损失曲线

由于长视频摘要提取的流程和所用算法都是"自监督"的,因此本书将按照图 5.4 所示流程从生成的密集视频字幕中提取动作场景层面的摘要句,在

TextRank 算法中，需设置摘要句的数量 N，计算各摘要候选句子的 TextRank 值进行排序，取出得分最高的前 3 个句子作为摘要（即 $N=3$）。

5.6 实验结果及分析

本研究对所构建的视频描述方法的验证包括两个部分：一是对密集视频阶段模型的性能验证和测试结果分析，二是对长视频摘要提取结果的人工分析。首先，利用自动评价指标 BLEU[153] 对预先训练的密集视频字幕模型的性能进行评价，主要针对场景整体输出的描述语句的质量进行评估。其次，通过人工评价在句子和单词层面上来评估密集视频字幕模型的测试结果和长视频摘要的提取结果。最后，通过检索场景要素的方式评测本研究方法对基于视频数据的施工活动场景智能化解析精度。

5.6.1 自动评价结果

本研究实验验证过程的损失值变化如图 5.9 所示，损失值函数正常收敛，说明本次对密集视频字幕模型的验证结果有效。本实验中密集视频字幕生成的自动评分结果如表 5.4 所示，表中还显示了 2015—2019 年的既有视频字幕相关研究的评分结果。本研究的自动评分结果在 BLEU-1 指标上取得 0.84 的高分，表明本书所构建的视频描述方法的性能优于以下视频描述方法，例如 CST-GT-None[190]、h-RNN[191]、LSTM-TSA[192]、Temporal-Attention[193]、BAE[194]、CT-SAN[195]、M3-IC[196]、RecNetlocal[197] 和 GRU-EVE[198]。由于本研究所采用的深度学习模型的架构是 SV2T[152]，区别在于采用不同的深度神经网络组合、数据集、学习策略和研究条件。又因上述方法中的 CST-GT-None、h-RNN、LSTM-TSA、Temporal-Attention、M3-IC、RecNetlocal、GRU-EVE 等六个方法在 METEOR 指标的结果又与 SV2T 方法的结果是相当的。因此，整体而言，可以判断本书所构建的视频描述方法的性能与当前 CV 领域最先进的视频描述方法是相当的（H_5 验证结果）。

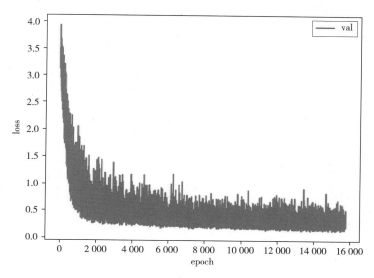

图 5.9　密集视频字幕模型验证过程的损失曲线

表 5.4　密集视频字幕模型实验自动评价结果对比

序号	方法	数据集	评价结果			
			BLEU-1	METEOR	CIDEr	ROUGE
1	SV2T：CNN-LSTM[152]					
	-*RGB*(*VGG*)	MPII-MD	—	0.071	—	—
	-*RGB*(*VGG*)	M-VAD	—	0.067	—	—
	-*Flow*(*AlexNet*)	MSVD	—	0.243	—	—
	-*RGB*(*AlexNet*)	MSVD	—	0.279	—	—
	-*RGB*(*VGG*)*random frame order*	MSVD	—	0.282	—	—
	-*RGB*(*VGG*)	MSVD	—	0.292	—	—
	-*RGB*(*VGG*)+*Flow*(*AlexNet*)	MSVD	—	0.298	—	—
2	CST-GT-None[190]	MSR-VTT	0.441	0.291	0.497	0.624
3	h-RNN[191]	TACoS MLevel	0.305	0.287	1.602	—
4	LSTM-TSA[192]	MSVD	0.528	0.335	0.740	—

续表

序号	方法	数据集	评价结果			
			BLEU-1	METEOR	CIDEr	ROUGE
5	Temporal-Attention[193]	M-VAD	0.7	—	—	—
6	BAE[194]	MPII-MD	0.8	—	1.08	0.167
7	CT-SAN[195]	LSMDC	0.8	—	1.00	0.159
8	M³-IC[196]	MSVD	0.528	0.333	—	—
9	RecNetlocal[197]	MSVD	0.523	0.341	0.803	0.698
10	GRU-EVE[198]	MSVD	0.479	0.350	0.781	0.715
11	**本书方法：Flow（VGG）-LSTM**	AEC-VCD（自制）	0.84	—	—	—

5.6.2　人工评价结果

1）密集视频字幕阶段人工评价结果

保持实验中的参数设置和研究条件不变,应用训练好的密集视频字幕模型对来自测试集中的施工活动场景视频片段生成密集视频字幕,部分代表性测试结果的示例见表 5.5。在表 5.5 中,用 G 标记了获得了较高精度评估分数的句子示例,用 B 标记了与场景内容不相关或对场景要素描述不完全的句子示例（本次测试结果中未发现有句法错误的结果）。还按分等级标记了示例中生成密集视频字幕与视频中场景内容的相关度,1—5 分别代表了:完全不符合、稍微符合、基本符合、比较符合、完全符合,下画线具体标记出了生成的字幕与参考字幕不一样的地方。可以发现,生成的字幕总体上可以整体性地描述视频片段中的动作场景（H_6 验证结果）,但也存在很多与场景要素无法对应的问题。

2）长视频摘要生成阶段人工评价结果

针对长视频的完整解析,表 5.6 展示了生成摘要和参考摘要的对比示例,基于在第一阶段已生成的一整段长视频的所有密集视频字幕生成描述动作场景的摘要（由 TextRank 值 Top-3 的密集视频字幕句子构成）。同样地，用 G 标记了获得了较高精度评估分数的句子示例，用 B 标记了与参考摘要有差别的摘要示例，1—5 分也依次由低到高代表了生成摘要与参考摘要的符合程度。下画线标记的是由 TextRank 算法得到的摘要句与原参考摘要句不符合的内容。由此可见，本研究所构建的方法可以实现多层次的解析长短视频中施工活动场景（H_7验证结果），但从句法正确性和与视频场景内容相关性的两个人工评价的维度来看，尚未发现长短视频生成的描述性语句本身存在句法方面的错误，但与视频内容的相关性方面还存在一定的欠缺，有待后序研究进一步提升其相关度。

5.6.3　场景要素的解析精度计算结果

为测试上述方法对视觉数据中施工活动场景的解析性能，本研究对视频描述数据集中的各个场景要素的解析进行精度计算。来自数据集 CAS-VCD 中的 641 个视频片段作为测试样本，分别采用训练好的密集视频字幕模型对上述已切割好的微场景视频片段进行智能化解析，即生成关于施工活动场景的描述性语句。根据场景要素的分类，分别计算每个相关场景要素和每个类别的精度、召回率和 F1-值等指标的评分结果。基于数据集 CAS-VCD 的测试评分结果见表 5.7，除了对具体的场景要素进行评分，还对同一类场景要素进行归类并计算出同一类所有要素的精度、召回率和 F-值的平均值。

图 5.10 中的柱状图呈现了数据集 CAS-VCD 中不同类别场景要素的解析效果。结果表明，第 Ⅰ 类实体、属性的检索正确性优于另外三类。最有可能的原因是，所提出的图像描述模型体系结构是基于深度学习的"编码器-解码器"框架，这与深度学习本身属于统计学方法这一属性的特点相适应[173]，场景要素的最终预测正确性与其相应的在原始训练集中的样本量是正相关的，这一结果符合基于大数据的统计学规律，即用于机器学习的样本量越大，学习的效果就越准确。图 5.7 中蓝色曲线图表示各类别场景词汇在训练集中出现的频次，由此可以看出，不同类别的场景要素在精度、召回率和 F 分值上的评分结果（柱状图）与其在原始训练集中的出现频次（蓝色曲线图）的变化趋势是一致的。

表 5.5　密集视频字幕模型测试中生成的句子示例

Clip ID	生成句	参考句	类型*	相关度**
id4014	a worker in a yellow hardhat is walking around the block wall	a man in a yellow helmet is walking around the brick wall	G	5
id5232	a worker is cleaning side mortar of the block wall	a worker is cleaning side mortar of the brick wall	G	5
id150	a worker is cutting a block	a worker is cutting a brick	G	5
id837	a worker in a red hardhat is fixing a brick	a worker wearing a red hardhat is fixing a block	G	5
id243	a worker is adding mortar to the brick joint	a man is adding mortar to the brick joint	G	5
id309	a worker is laying a brick	a worker is fixing a block	B	4
id5963	a man is putting the mortar on a ceramic tile	a worker is attaching the mortar on a ceramic tile	B	4
id4462	two men are tearing down the scaffold	two men wearing helmets are tearing down the scaffold	B	3
id3032	a worker is adjusting the wire on the wall	a worker is adjusting the steel bar plugged in the wall	B	3
id1077	a worker in a red hardhat is spreading bottom mortar on the brick wall	a worker wearing a red hardhat is mixing the mortar bucket and walking on the scaffold	B	2
id3393	a worker in a yellow hardhat is cleaning side mortar of the block wall	a worker in a yellow hardhat is fixing a brick	B	2
id352	a worker is walking around the scaffold	a worker puts down the bricklaying knife	B	1
id1605	a worker in a red hardhat is moving a mortar bucket on the scaffold	a fresh built brick wall here	B	1

注：*. G 表示在每个实验中排名前五名的一个很好的例子；B 表示描述与源视频中的场景内容不相符合的糟糕示例。

**. 采用 1~5 来描绘生成语句与参考句的相关程度，从 1 至 5 分别代表：完全不符合，稍微符合，基本符合，比较符合，完全符合。

表 5.6　长视频摘要生成示例

长视频 ID	生成摘要	参考摘要	相关度*
SCL_V**_00006	**a worker is building a brick wall and cutting a block.** A. a worker is cutting a block B. a worker is attaching the mortar on the block C. a worker is fixing a block	**a man is building a brick wall and cutting a block.** A. a man is cutting a brick B. a man is attaching the mortar on the brick C. a man is fixing a brick	5
SCL_V**_10003	**a worker in a red hardhat is plastering.** A. a worker is plastering for a block wall B. a worker in a red hardhat is plastering for a brick wall C. a man wearing a red helmet walks on the scaffold	**a man wearing a red helmet is plastering.** A. a worker is plastering for a block wall B. a man wearing a red helmet is plastering for a brick wall C. a man wearing a red helmet walks on the scaffold	5
SCL_V**_00015	**a worker is building a brick wall and cutting a block.** A. a worker is cleaning side mortar of the brick wall by using a stick B. a worker is cutting a block C. a worker is spreading bottom mortar on the block wall	**a worker is building a brick wall and cutting a block.** A. a worker is cleaning side mortar of the brick wall by using a stick B. a man is cutting a brick C. a worker is fixing a block	4
SCL_V**_20011	**a man is sticking ceramic tiles on wall.** A. a man is sticking a ceramic tile B. a man is putting the mortar on a ceramic tile C. a man is putting the mortar on a ceramic tile	**a worker is sticking ceramic tiles on wall.** A. a worker is sticking a ceramic tile B. a workman is fixing a ceramic tile C. a worker is attaching the mortar on a ceramic tile	3
SCL_V**_10004	**a worker in a red hardhat is plastering for a brick wall.** A. a fresh plastered wall here B. a newly plastered wall here C. a worker in a red hardhat is plastering for a brick wall	**a woman wearing a hat is mixing mortar on the ground with a hoe, and plastering for a block wall.** A. a fresh built block wall but no worker here B. a worker wearing a hat is plastering for a block wall C. a woman wearing a hat is mixing mortar on the ground with a hoe	2

注：*：采用 1～5 分来描绘生成语句与参考句的相关程度，从 1 至 5 分别代表：完全不符合，稍微符合，基本符合，比较符合，完全符合。

表 5.7 基于密集视频字幕数据集的场景要素的解析精度比较

类别	场景要素	TP+FP	TP+FN	TP	Precision	Recall	F1	平均值/类		
								Precision	Recall	F1
第 I 类实体	Worker/man/woman	633	638	566	0.894	0.887	0.891	0.894	0.887	0.891
	Ceramic titles	46	45	44	0.957	0.978	0.967			
第 II 类实体	Brick/block	550	542	283	0.515	0.522	0.518	0.756	0.804	0.779
	Mortar	349	312	269	0.771	0.862	0.814			
	Wall	334	306	261	0.781	0.853	0.816			
第 III 类实体	Helmet/hardhat	342	412	332	0.971	0.806	0.881	0.819	0.479	0.564
	Reflective vest	15	66	10	0.667	0.152	0.247			
关系（动作）	Fix	87	91	54	0.621	0.593	0.607	0.657	0.648	0.647
	Clean	107	110	81	0.757	0.736	0.747			
	Spread	157	112	91	0.580	0.813	0.677			
	Lay	69	64	25	0.362	0.391	0.376			
	Stick	15	14	10	0.667	0.714	0.690			
	Attach	44	47	27	0.614	0.574	0.593			
	Move	19	30	9	0.474	0.300	0.367			
	Cut	23	28	21	0.913	0.750	0.824			
	Plaster	28	27	26	0.929	0.963	0.945			
属性	Color-"yellow"	189	247	185	0.979	0.749	0.849	0.977	0.879	0.923
	Color-"red"	150	154	141	0.940	0.916	0.928			
	Count of workers-"1"	621	618	615	0.990	0.995	0.993			
	Count of workers-"2"	6	7	6	1.000	0.857	0.923			

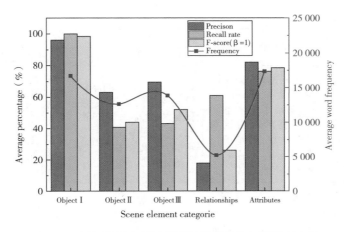

图 5.10　视频数据中不同类别场景要素的解析精度比较

5.7　比较基于图片数据与视频数据的施工活动场景智能解析方法

　　本章前面几节详细阐述了基于视频数据的施工活动场景智能解析方法设计和实验验证过程,这与第 4 章设计和验证基于图片数据的施工活动场景智能解析方法的研究过程有所不同。接下来从以下三个维度对上述两种基于不同视觉数据形式的施工活动场景智能解析方法进行对比:方法的理论框架、方法的实现过程和方法的验证结果。并对两种方法在每一个维度上的相同点和不同点进行梳理,对比结果的概况见表 5.8。

表 5.8　基于图片数据和视频数据的施工活动场景智能解析方法对比结果

比较维度	相同点	不同点	
		基于图片数据的方法	基于视频数据的方法
方法的理论框架	基于相同的理论基础:场景理论和知识图谱理论,明确了基于不同视觉数据形式的相同的解析对象,为基于视觉数据的施工活动场景解析理论框架	数据结构特点:画面是静止的,视觉内容是简单的(不涉及时间维度)	数据结构特点:画面是随时间动态变化的,视觉内容是复杂的(涉及时间维度)

续表

比较维度	相同点	不同点	
		基于图片数据的方法	基于视频数据的方法
方法的理论框架	基于相同的理论基础：场景理论和知识图谱理论,明确了基于不同视觉数据形式的相同的解析对象,为基于视觉数据的施工活动场景解析理论框架	解析思路:场景的本体解构流程简单直接;场景要素的提取简单高效;语义网络是唯一确定的;场景的主题是唯一确定的	解析思路:场景的本体解构流程更加复杂;场景要素的提取是分层次和分阶段的;语义网络不是唯一确定的;场景的主题是分层次分阶段的
方法的实现过程	关键技术应用方面:"编码器-解码器"框架;DNN 的组合监督学习模型;人工开发专用数据集	方法的实现:单一阶段的	方法的实现:多阶段的
	研究实施路径方面:均采用了实验研究的方法,且采用了相同的方法评价体系	场景的解析:单一层次的	场景的解析:多层次的
方法的验证结果	实验结论:两种方法与 CV 领域的相关方法相当;人工评价结论,相关度方面还存在欠缺;场景要素层面的解析精度与其在训练集中出现的频次相对一致	人工评价结果:在模型的泛化能力方法表现更好,且存在一定的句法错误	人工评价结果:在句法正确度上表现更好,尚未发现有句法错误,但模型的泛化能力不被体现
	局限性:数据集和模型本身对最终方法解析性能的影响,尤其是对数据集的依赖性		

5.7.1 方法的理论框架对比

1）理论框架构建方面的相同点：基于相同的理论基础

两个方法在前期的理论框架构建阶段均基于相同的理论基础。一方面,根据场景理论,本研究明确了建筑视觉数据驱动的解析对象,在智能化人机交互的时代,通过对建筑视觉数据中施工活动场景的智能解析来助力建筑视觉数据的管理和应用。另一方面,基于知识图谱理论,构建了视觉数据驱动的施工活动场景解析理论框架,包括分别基于图片数据和视频数据的本体解构流程框架和语义表征的理论框架,即将图片或视频数据中的施工活动场景内容按活动类别本体地解构为"实体-关系-属性"的语义网络,然后再根据语义网络的逻辑生成自然语言描述语句对原始的视觉信息进行表征。

2)理论框架构建方面的不同点:数据结构本身的差异和解析思路的差异

基于图片数据和视频数据的方法理论框架的区别取决于各自数据结构本身的差异以及对应着的方法的解析思路的差异。图片数据呈现的信息在感知层面是单一的(视觉)、视觉画面的状态是静止的、呈现的视觉内容的层次是简单的(不涉及时间维度)。因而在基于图片数据的施工活动场景解析思路的确定方面,对于图片数据中的场景的本体解构流程是简单且直接的,场景要素的提取也变得简单高效得多;一张图片所包含的施工活动场景的元素是特定不变的,对应的基于场景的语义网络也是唯一确定;后续采用自然语言句子所描述的场景的主题唯一确定。

视频呈现的信息在感知层面可以是多元的,包括视觉和听觉两个方面。其中,视觉画面的状态是随时间的推移而动态变化的,呈现的视觉内容是复杂的,还涉及了时间维度。因而在基于视频数据的施工活动场景解析思路的确定方面,对于视频数据中的场景的本体解构流程也更加复杂,由于考虑了时间维度,场景要素的提取也是按照时间的划分分层次和分阶段的;一段视频所包含的施工活动场景的元素组合随着时间的推移是变化的,对应在一段视频数据中基于施工活动场景的语义网络也是随着时间而变化的,在不同的时刻亦可能呈现各种不同的语义网络;后续采用自然语言句子所描述的场景主题也不是唯一确定的,而是同样随着时间的划分分层次和分阶段的。

5.7.2　方法的实现过程对比

1）方法实现过程的相同点：采用相同领域的关键技术和研究路径

在关键技术的采纳方面，基于图片数据和视频数据的施工活动场景智能解析方法均以当前交叉于 CV 和 NLG 领域的视觉描述方法作为本书实现解析方法智能化的基本框架。一方面，两种方法在构建各自模型架构时均选用了基于 DNN 组合的监督学习模型；另一方面，两种方法的智能化实现同属于依赖大规模人工数据集的弱人工智能过程，需要人工开发专用的数据集，耗费人力和财力，因此人工开发数据集的高成本和数据集规模的局限性也对两个方法后续的实验结果产生了一定的影响。

在方法智能化实现的研究路径方面，基于图片数据和视频数据的施工活动场景智能解析方法均采用了实验研究法，根据各自的解析理论框架创建了各自专用的视觉描述数据集，构建了基于深度学习的视觉描述模型，然后在实验中用对应的专用视觉描述数据集对模型进行训练，从而验证模型自动化性能和方法的解析性能，且两种方法都采用了相同的结果评价体系，都采用了自动评价指标体系（例如，BLEU），从句法正确性和内容相关性对测试结果进行人工评价，以及通过分类测试的方法对施工活动场景要素的解析精度进行了讨论。

2）方法实现过程的不同点：方法体系构建方面存在差别

基于两种不同视觉数据形式的施工活动场景内容解析的层次存在区别。基于图片数据的智能解析方法对施工活动场景的解析停留在单一的动作层次。基于视频数据的智能解析方法对施工活动场景的解析（由抽象到具体）涉及了三个层次，分别是施工活动类别层次、施工工序层次、建筑工人的动作层次。

两种方法在数据集和模型架构的构建方面各有特点。基于图片数据的施工活动场景智能解析方法的实现是单阶段的，即基于图片描述模型直接将图片中关于施工活动场景的静态视觉信息转化成自然语言描述语句。分层次解析视频数据中施工活动场景的需求决定了构建基于视频数据的方法的模型和数据集也是两阶段的。其中,第一阶段为密集视频字幕,可以解析建筑工人动作层次的场景;第二阶段为文本摘要过程,可以解析其工序以及所属的活动类别。

5.7.3　方法的验证结果对比

1)方法验证结果的相同点

①两种方法在实现自动视觉描述的智能化水平和相应的模型测试精度与CV 领域相关的视觉描述方法的验证结果相当;②从人工评价结果来看,两种方法均可以通过自然语言整体性的解析出视觉数据中的施工活动场景,但在与视觉信息中场景内容的相关度方面,均还存在一定的欠缺,有待后续研究进行进一步提升;③场景要素层面的解析精度与其在训练集中出现的频次的相对高低一致。对比图 5.10 与图 4.13(a)和(b)可以发现,不同类别的场景要素在精度、召回率和 F -值上的计算结果(柱状图)与其在原始训练集中的出现频次(蓝色曲线图)的变化趋势是一致的。因此两种方法也具备相同的局限性,原因在于数据集和模型本身对最终方法解析性能的影响,尤其是本书构建的智能化模型均为"完全监督"学习模型,方法的精度和智能化性能将严重依赖于所用数据集的规模和质量。

2)方法验证结果的不同点

两种方法在人工评价的结果和对不同类别场景要素的解析精度两个方面存在差异。针对方法的智能化实现和最终对施工活动场景的解析精度两个方面对实验结果进行了分析,不同之处在于,通过人工评价发现,基于视频数据方法在句法正确度上表现更好,本次实验尚未发现有句法错误,但模型的泛化能力不被体现;基于图片数据的方法在模型的泛化能力方法表现更好,且存在一定的句法错误。

5.8　本章小结

本章介绍了基于视频数据的施工活动场景智能解析方法。一种全新的两阶段深度学习模型，用来自动描述视频数据中的施工活动场景信息，该模型分为两个阶段：一是生成密集视频字幕阶段，借鉴了经典的视频字幕模型 S2VT 的基本框架，通过集成 VGG-16[148] 作为预处理原始视频的流 CNN 和 LSTM[121] 作为解析视频帧的"编码器"RNN 和描述性语句生成的"解码器"RNN；二是文本摘要阶段，采用抽取式文本摘要方法 Textrank 算法从密集视频字幕中提取对长视频施工活动场景的摘要句。基于前文提出的视频数据驱动下的施工活动场景解析的理论框架开发了本研究所需的视频描述数据集。然后，进行实验研究和结果分析，研究结论如下：

①自动评价结果表明，方法的密集视频字幕生成阶段的性能与当前 CV 领域最先进方法的性能相当（H_5 得以验证）。

②从测试结果的句法正确性和与视频中场景内容相关性的两个评价维度进行人工评价。密集视频字幕阶段人工评价结果表明：生成的密集视频字幕总体上可以整体性地描述视频片段中的动作场景（H_6 得以验证）；长视频摘要生成阶段人工评价结果表明：本研究所构建的方法可以实现多层次的解析长短视频中施工活动场景（H_7 得以验证）；尽管以上生成结果中未发现有句法错误，但在与视觉场景的相关性方面还有一定欠缺，可见在目前的研究条件下本研究提出的智能化方法在实用性方面还面临一定的挑战，需后续研究进一步改进。

③计算不同类别场景要素的解析精度的结果表明，基于当前的实验条件整体来看，第 I 类实体和属性的解析精度优于另外三类；且场景要素层面的解析精度与其在训练集中出现的频次相对一致。最后，还将本章基于视频数据的施工活动场景智能化语义解析方法与第 4 章基于图片数据的方法进行比较，分别从方法的理论框架、方法的实现过程以及方法的验证结果等三个层面对两个方法的相同点和不同点进行了系统性梳理。

第6章 总结与展望

6.1 全书总结

　　智能场景时代的到来和建筑行业的发展促进了海量冗杂建筑视觉数据的产生，然而当前关于建筑视觉数据的管理和应用还面临着两方面挑战：视觉数据本身的非结构特性造成了解析的难度和数据量庞大造成的集中管理的难度。为克服以上两方面的现实挑战，本书以场景理论和知识图谱理论为理论依据，以视觉描述的相关理论和方法为关键技术支撑，构建了视觉数据驱动的施工活动场景智能解析方法，实现了对建筑视觉数据中施工活动场景的智能化本体解构和语义表征。本书详细的研究成果如下：

　　1）构建了视觉数据驱动的施工活动场景智能解析方法理论框架

　　本书第3章提出了视觉数据驱动的施工活动场景智能解析方法的理论框架，明确了解决本书研究问题的总体思路为：首先，基于场景理论和知识图谱理论明确对视觉数据中的施工活动场景进行解构；其次，对视觉数据中的施工活动场景进行语义表征；最后，实现对施工活动场景解析（解构和表征）过程的智能化。随后，笔者提出了基于视觉数据的施工活动场景解构流程框架和语义表征理论框架两个部分；对于实现施工活动场景解析过程的智能化，笔者明确了在视觉数据驱动下实现施工活动场景解析方法智能化的研究路径，包括方法研究步骤和方法验证的评价体系两个方面的内容，为后续构建具体方法的实验研究提供了明确的理论指导。

2）设计和验证了一种基于图片数据的施工活动场景智能解析方法

本书通过开展实验研究实现了对图片中施工活动场景进行智能解析的过程，测试了该方法在当前技术水平下对施工活动场景的解析精度，并根据实验结果的对比分析和方法测试结果提出了改进建议。该方法具体通过构建专用的图片描述数据集和基于深度学习的图片描述模型来实现解析施工活动场景的智能化过程。开展了具体的实验研究，对方法的可行性和具体的解析性能进行了测试验证。实验研究结果表明：该方法的整体性能与当前 CV 领域最先进的图片描述方法的性能相当；分析数据集和模型架构本身对方法性能的影响发现，数据集本身的质量对该方法性能表现的影响较为显著，即具有较大规模样本量和活动类别更丰富的数据集对该方法性能表现的影响更好。此外，不同DNN 组成的模型对于该方法最终性能表现的影响差异不显著。人工评价的测试结果证明了该方法的泛化能力，但在句法正确度方面发现生成语句本身还存在一定程度的错误，由此可见，在目前的研究条件下该方法的实用性还将面临一定的挑战，需进一步改进。不同类别场景要素的解析精度计算结果表明，基于当前的实验条件整体来看，第 Ⅰ 类实体、第 Ⅲ 类实体和属性的解析精度优于另外两类；且场景要素层面的解析的精度与其在训练集中出现的频次相对一致。

3）设计和验证了一种基于视频数据的施工活动场景智能解析方法

本书通过开展实验研究实现了对长短不一视频中的施工活动场景进行智能解析的过程，测试了该方法在当前技术水平下对施工活动场景的解析精度，并根据测试结果提出了改进的建议。该方法具体通过构建专用的视频描述数据集和基于深度学习的视频描述模型来实现解析施工活动场景的智能化过程。一种全新的两阶段深度学习模型，用来自动描述视频数据中的施工活动场景信息。该模型分为两个阶段：一是生成密集视频字幕阶段，完成视频中"工人动作"层次的场景解析；二是文本摘要阶段，采用抽取式文本摘要方法从密集视频字幕中提取对长视频施工活动场景的摘要句，进而提取关键词。根据第 3 章提出的基于视频数据的施工活动场景解析框架开发了本研究所需的密集视频字幕数据集和长视频参考摘要。然后，进行实验研究和结果分析，结果表明该方法的密集视频字幕生成阶段的性能与当前 CV 领域的最先进方法的性能相当。从方法测试结果的句法正确性和与视频中场景内容相关性的两个评价维度进行人工评价，未发现生成语句中存在句法错误，但在与视觉场景的相关性方面还有一定欠缺，可见在目前的研究条件下本书提出的智能化方法在实用性方面还面临一定的挑战，需后续研究进一步改进。计算不同类别场景要素的解析精度的结果表明，基于当前的实验条件整体来看，第Ⅰ类实体和属性的解析精度优于另外三类；且场景要素层面的解析精度与其在训练集中出现的频次相对一致。

4）对比分析了基于图片数据和视频数据的施工活动场景智能解析方法

本书从方法的理论框架、方法的实现过程以及方法的验证结果等三个维度系统性地梳理了两种基于不同视觉数据形式的施工活动场景方法之间的相同点和不同点。在方法的理论框架方面，两个方法在前期各自的解析理论框架构建基于相同的理论基础，构建了基于不同视觉数据形式下的施工活动场景解析理论框架。区别则在于两者所应用的数据结构本身的差异及对应的解析思路的不同。基于图片数据的场景简单高效，描述内容的主题是唯一确定的。基于视频数据的场景解析过程更加复杂，由于考虑了时间维度，解析过程是分阶段的，解析的内容也是分层次的。在方法的实现过程方面，两个方法实现其智能化的关键技术和研究的实施路径是相同的。区别在于对施工活动场景内容的解析层次和方法体系的构建过程：①从内容解析层次来看，基于图片的智能解析方法停留在工人动作的层次。基于视频数据的施工活动场景智能解析方法则涉及了活动类别、施工工序和工人动作等三个层次的场景内容。②方法体系的构建方面,基于图片数据的方法直接采用了图片描述模型架构,模型实施和数据集都是单一阶段的。基于视频数据的方法模型和数据集构建则都是两阶段的:第一阶段为密集视频字幕生成,第二阶段为长视频文本摘要的提取。在方法的验证结果方面,两种方法的结论具备相同点:①两种方法的智能化水平和模型测试的精度与 CV 领域先进方法的水平相当;②两种方法均可直观地解析出整体的施工活动场景并将其表达成自然语言句子,且都在与视觉场景的相关性方面存在一定的欠缺,有待进一步提升;③场景要素层面的解析精度与其在训练集中出现的频次相对一致。因此两种方法也具备相同的局限性:数据集和模型本身对最终方法解析性能的影响,尤其是对数据集的依赖性。不同之处在于,基于视频数据方法在句法正确度上表现更好,未发现有句法错误,但模型的泛化能力不被体现;基于图片数据的方法在模型的泛化能力方法表现更好,但存在一定的句法错误。

6.2　主要创新点

本书的主要创新点有以下几个方面:

1)初步解决了建筑视觉数据的智能解析和管理方面的现实难题

区别于近年来层出不穷的基于视觉数据的智能施工管理方法研究,本书着眼于建筑产业智能化的进程中建筑视觉数据正面临的在管理和应用方面的两个现实挑战:视觉数据本身的非结构特性造成对其智能解析的难度和数据量庞大造成对其有序管理的难度。本书的研究目的在于提出一个解决上述关于数据解析本身和数据管理方面现实挑战的有效方法,开展视觉数据驱动的施工活动场景智能解析方法的研究。本书的选题是对当前基于视觉的施工管理相关研究内容和研究成果在理论和实践方面的重要补充。

2)提出了全新的基于视觉数据的施工活动场景解析理论框架

区别于现有基于视觉的施工管理研究中提及的施工活动场景解析思路,本书的创新性在于提出了一个针对视觉数据中施工活动场景的解析思路,可以整体性地解构和表征包含了多个实体和多组实体间关系的施工活动场景。为此,本书构建了一个全新的视觉数据驱动的施工活动场景解析理论框架,该理论框架的构建以场景理论和知识图谱理论为理论依据,包括对视觉数据中施工活动场景的本体解构流程框架和采用自然语言进行场景描述的语义表征理论框架,为基于视觉的施工活动场景解析方法这一研究领域提供了理论上的补充。

3)创建了系列以施工活动场景为主题的视觉描述数据集

本书在验证视觉数据驱动的施工活动场景理论框架和实现解析方法智能化的过程中,创建了系列以"解析施工活动场景"为主题的视觉描述数据集。本书主要借鉴 CV 和 NLP 交叉领域的自动视觉描述方法的关键技术和研究路径来实现对上述理论框架的验证和实现解析方法的智能化。通过对自动视觉描述方法进行研究综述发现,目前还没有专门针对建筑行业的施工活动场景这一主题开发智能解析方法相应的视觉描述数据集,因此本书构建了以"解析施工活动场景"为主题的视觉描述数据集,包括关于施工活动场景的图片描述数据集和视频描述数据集两种形式。上述新建的数据集要满足本书实验研究的两点要求:一是各自的规模可支撑训练各自基于深度学习的视觉描述模型;二是这些数据集中的描述语句必须以第 3 章的理论框架为理论依据,体现对施工活动场景作为整体的解析逻辑。因此,本书所构建的系列视觉描述数据集可作为"解析施工活动场景"与"自动视觉描述"两大研究领域重要的理论链接,而且关于创建上述数据集的理论逻辑和最终成果也为当前业界实现智能解析施工活动场景提供了实际的借鉴价值。

4)创建了一个可层次化解析施工活动场景的两阶段视频描述模型

区别于开放领域的视频描述的研究,本书开展了一项视频数据驱动下的施工活动场景解析方法智能化实验研究(第 5 章),所构建的模型架构用于层次化地解析视频数据中的施工活动场景。该视频描述模型架构克服了视频数据中时间维度进行场景划分的歧义，共包括两个阶段，一是密集视频字幕阶段，二是文本摘要阶段。这对在特定领域开展基于视频数据的多层次场景解析的研究是一种理论和实践上的创新。

6.3　研究局限与未来展望

本书构建视觉数据驱动的施工活动场景智能解析方法的研究，是一个以现实问题为导向的，通过系统分析方法和实验研究方法相结合的不断完善的研究过程。尽管本书提出了视觉数据驱动的施工活动场景智能解析理论框架，并以此框架为指导分别构建了基于图片数据和视频数据的智能解析方法的实验研究，分别构建了以"解析施工活动场景"为主题的视觉描述数据集和模型架构，得出了一些有价值的研究结论和创新性的研究成果，但本书仍存在以下两方面的局限：

1）数据集在施工活动类别和总体样本规模上的局限性

在实验研究中发现，数据集规模的大小或质量好坏比 DNN 的性能差异对本书所构建的智能解析方法的性能的影响更加显著。一方面，本书所有的数据集局限于五种施工活动类别，于是本书构建的视觉数据驱动的施工活动场景智能解析方法也仅适用于解析这五种活动场景，这给最终方法的跨场景应用带来了直接的挑战。另一方面，基于现有的研究框架，欲进一步通过提高数据集的质量和扩大数据集的规模来提升解析方法的性能，那么继续实施人工开发数据集的过程需要更大的财力和人力方面支撑。

2）方法的解析精度尚无法完全满足实际应用的需求

本书在实验研究阶段，分别构建了基于图片数据和视频数据的施工活动场景智能解析方法，尽管方法的智能化性能和当前 CV 领域的前沿的视觉描述方法的性能是相当的，但从人工评价的结果来看，依然存在句法错误或与视觉信息不相关的内容；而且在对不同场景要素类别进行解析精度的计算时发现，方法对于不同类别场景要素的解析精度不均衡，因此目前方法在解析精度方面的表现尚无法完全满足实际应用的需求。基于当前方法采用的强监督学习模式下的深度学习模型框架，提高本书方法的精度可以从两个方面着手：一是采用更高性能的 DNN 组合作为模型的编码器和解码器模块；二是构建样本量更大、施工活动类别更加丰富以及对不同类别场景要素的描述更加均衡的数据集。

　　因此，为克服上述两方面的研究局限，未来研究可从以下思路着手开展进一步的优化研究：一方面，可以基于当前研究的基本框架，提升方法模型架构中 DNN 模块的性能和采用更高效的数据集开发方案，扩大训练集的规模、增加训练集中施工活动场景类别的丰富度以及提升训练集中不同类别场景要素的解析平衡度；另一方面，关于方法的智能化实现方面，在整体解决方案上可考虑选择"无监督学习"的视觉描述模型架构，以直接避免数据集本身的局限性对最终方法在解析性能方面的影响。由于对非结构化数据进行智能解析这一任务对一般深度学习模型架构（监督学习模式）的性能要求极高，因此，构建具备同等解析性能的"无监督学习"模型有待在未来的研究中被重点考虑和实施。

参考文献

［1］ XIAO B,ZHU Z H.Two-dimensional visual tracking in construction scenarios：A comparative study［J］.Journal of Computing in Civil Engineering,2018,32（3）:04018006.

［2］ SOLTANI M M, ZHU Z H, HAMMAD A. Automated annotation for visual recognition of construction resources using synthetic images［J］.Automation in Construction,2016,62:14-23.

［3］ REZAZADEH AZAR E.Semantic annotation of videos from equipment-intensive construction operations by shot recognition and probabilistic reasoning［J］.Journal of Computing in Civil Engineering,2017,31(5):04017042.

［4］ KIM H, KIM K, KIM H. Vision-based object-centric safety assessment using fuzzy inference:Monitoring struck-by accidents with moving objects［J］.Journal of Computing in Civil Engineering,2016,30(4):04015075.

［5］ KIM K,KIM H,KIM H.Image-based construction hazard avoidance system using augmented reality in wearable device［J］.Automation in Construction,2017,83:390-403.

［6］ KOLAR Z,CHEN H N,LUO X W.Transfer learning and deep convolutional neural networks for safety guardrail detection in 2D images［J］.Automation in Construction,2018,89:58-70.

［7］ PARK M W, BRILAKIS I.Continuous localization of construction workers via

integration of detection and tracking[J].Automation in Construction,2016,72:
129-142.

[8] BILAL M,OYEDELE L O,QADIR J,et al.Big Data in the construction industry:
A review of present status, opportunities, and future trends [J]. Advanced
Engineering Informatics,2016,30(3):500-521.

[9] YAN H,YANG N,PENG Y,et al.Data mining in the construction industry:
Present status,opportunities,and future trends[J].Automation in Construction,
2020,119:103331.

[10] GOUETT M C,HAAS C T,GOODRUM P M,et al.Activity analysis for direct-
work rate improvement in construction[J].Journal of Construction Engineering
and Management,2011,137(12):1117-1124.

[11] KHOSROWPOUR A, NIEBLES J C, GOLPARVAR-FARD M. Vision-based
workface assessment using depth images for activity analysis of interior
construction operations[J].Automation in Construction,2014,48:74-87.

[12] DU C J,CHENG Q F.Computer vision[M]//Food Engineering Series.New
York,NY:Springer New York,2014:157-181.

[13] NASIR H, HAAS C T, YOUNG D A, et al. An implementation model for
automated construction materials tracking and locating[J].Canadian Journal of
Civil Engineering,2010,37(4):588-599.

[14] BRAUN A,BORRMANN A.Combining inverse photogrammetry and BIM for
automated labeling of construction site images for machine learning [J].
Automation in Construction,2019,106:102879.

[15] BANG S,KIM H.Context-based information generation for managing UAV-
acquired data using image captioning[J].Automation in Construction,2020,
112:103116.

[16] 彭兰.场景:移动时代媒体的新要素[J].新闻记者,2015(3):20-27.

［17］ 中国电子技术标准化研究院.人工智能白皮书（2018 版）［M/OL］.2018. ［2020-10-01］https://www.niuwk.com/p-3139467.html.

［18］ 姜海洋.场景理论视角下的交互设计方法研究［D］.鞍山：辽宁科技大学,2020.

［19］ 中国电子技术标准化研究院.知识图谱标准化白皮书（2019 版）［M/OL］. 2019.［2020-10-01］.https://max.book118.com/html/2019/0923/705514216 6002056.shtm.

［20］ 于升峰.面向科技智库的知识图谱系统构建［J］.智库理论与实践,2021,6 （1）:56-64.

［21］ CHENG J C P,WANG M Z.Automated detection of sewer pipe defects in closed-circuit television images using deep learning techniques［J］.Automation in Construction,2018,95:155-171.

［22］ FANG Q,LI H,LUO X C,et al.Computer vision aided inspection on falling prevention measures for steeplejacks in an aerial environment［J］.Automation in Construction,2018,93:148-164.

［23］ DING L Y,FANG W L,LUO H B,et al.A deep hybrid learning model to detect unsafe behavior:Integrating convolution neural networks and long short-term memory［J］.Automation in Construction,2018,86:118-124.

［24］ KONSTANTINOU E,BRILAKIS I.Matching construction workers across views for automated 3D vision tracking on-site ［J］. Journal of Construction Engineering and Management,2018,144(7):04018061.

［25］ KONG L L,LI H,YU Y T,et al.Quantifying the physical intensity of construction workers,a mechanical energy approach［J］.Advanced Engineering Informatics,2018,38:404-419.

［26］ YU Y T,LI H,YANG X C,et al.An automatic and non-invasive physical fatigue assessment method for construction workers ［J］. Automation in

Construction,2019,103:1-12.

[27] YU Y T,LI H,UMER W,et al.Automatic biomechanical workload estimation for construction workers by computer vision and smart insoles[J].Journal of Computing in Civil Engineering,2019,33(3):04019010.

[28] YU Y T,YANG X C,LI H,et al.Joint-level vision-based ergonomic assessment tool for construction workers[J].Journal of Construction Engineering and Management,2019,145(5):04019025.

[29] YAN X Z,LI H,WANG C,et al.Development of ergonomic posture recognition technique based on 2D ordinary camera for construction hazard prevention through view-invariant features in 2D skeleton motion[J].Advanced Engineering Informatics,2017,34:152-163.

[30] GOLPARVAR-FARD M,HEYDARIAN A,NIEBLES J C.Vision-based action recognition of earthmoving equipment using spatio-temporal features and support vector machine classifiers[J].Advanced Engineering Informatics,2013,27(4):652-663.

[31] REZAZADEH AZAR E,MCCABE B.Part based model and spatial-temporal reasoning to recognize hydraulic excavators in construction images and videos[J].Automation in Construction,2012,24:194-202.

[32] XU J Q,YOON H S.Vision-based estimation of excavator manipulator pose for automated grading control[J].Automation in Construction,2019,98:122-131.

[33] YANG J,SHI Z K,WU Z Y.Vision-based action recognition of construction workers using dense trajectories[J].Advanced Engineering Informatics,2016,30(3):327-336.

[34] LUO X C,LI H,CAO D P,et al.Towards efficient and objective work sampling:Recognizing workers' activities in site surveillance videos with two-stream convolutional networks[J].Automation in Construction,2018,94:

360-370.

［35］ LUO X C,LI H,CAO D P,et al.Recognizing diverse construction activities in site images via relevance networks of construction-related objects detected by convolutional neural networks［J］.Journal of Computing in Civil Engineering, 2018,32(3):04018012.

［36］ GONG J, CALDAS C H, GORDON C. Learning and classifying actions of construction workers and equipment using Bag-of-Video-Feature-Words and Bayesian network models［J］. Advanced Engineering Informatics, 2011, 25 (4):771-782.

［37］ KIM H, KIM K, KIM H. Data-driven scene parsing method for recognizing construction site objects in the whole image［J］.Automation in Construction, 2016,71:271-282.

［38］ POUR RAHIMIAN F, SEYEDZADEH S, OLIVER S, et al. On-demand monitoring of construction projects through a game-like hybrid application of BIM and machine learning［J］.Automation in Construction,2020,110:103012.

［39］ WANG Y Y,LIAO P C,ZHANG C,et al.Crowdsourced reliable labeling of safety-rule violations on images of complex construction scenes for advanced vision-based workplace safety［J］. Advanced Engineering Informatics, 2019, 42:101001.

［40］ RAMANATHAN V,LI C C,DENG J,et al.Learning semantic relationships for better action retrieval in images［C］//2015 IEEE Conference on Computer Vision and Pattern Recognition (CVPR). Boston, MA, USA. IEEE, 2015: 1100-1109.

［41］ SUTSKEVER I, VINYALS O, LE Q V. Sequence to sequence learning with neural networks [C]//Proceedings of the 27th International Conference on Neural Information Processing Systems-Volume 2. Montreal, Canada. ACM,

2014:3104-3112.

[42] HODOSH M, YOUNG P, HOCKENMAIER J.Framing image description as a ranking task:Data, models and evaluation metrics[J].Journal of Artificial Intelligence Research,2013,47:853-899.

[43] YOUNG P, LAI A, HODOSH M, et al.From image descriptions to visual denotations:New similarity metrics for semantic inference over event descriptions[J].Transactions of the Association for Computational Linguistics, 2014,2:67-78.

[44] LIN T Y, MAIRE M, BELONGIE S, et al.Microsoft COCO:Common objects in context[M]//Computer Vision-ECCV 2014. Cham:Springer International Publishing,2014:740-755.

[45] XU J, MEI T, YAO T, et al.MSR-VTT:A large video description dataset for bridging video and language[C]//2016 IEEE Conference on Computer Vision and Pattern Recognition (CVPR). Las Vegas, NV, USA. IEEE, 2016: 5288-5296.

[46] CHEN D L, DOLAN W B. Collecting highly parallel data for paraphrase evaluation[C]//Annual Meeting of the Association for Computational Linguistics: Human Language Technologies (HLT_ACL),2011,1:190-200.

[47] SZELISKI R. Computer Vision:Algorithms & Applications[M]//Springer Science & Business Media.2010.

[48] 陈星熠.机器的"眼睛":机器视觉与视觉传感器技术探究[J].数字通信世界,2017(11):46-47.

[49] 刘景明.影像艺术的数字化转型及创作策略研究[D].上海:上海大学,2020.

[50] 百度百科.图片[EB/OL](2018)[2021-03-22].https://baike.baidu.com/item/图片.

［51］赵丽平.视频写景法［J］.中华少年,2017(33):120-121.

［52］HAJIFATHALIAN K,HOWELL G,WAMBEKE B W,et al."*Oops*" simulation：Cost-benefits trade-off analysis of reliable planning for construction activities［J］. Journal of Construction Engineering and Management, 2016, 142(8):04016030.

［53］LIU K J,GOLPARVAR-FARD M.Crowdsourcing construction activity analysis from jobsite video streams［J］. Journal of Construction Engineering and Management,2015,141(11):04015035.

［54］LIU H,WANG G B,HUANG T,et al.Manifesting construction activity scenes via image captioning［J］.Automation in Construction,2020,119:103334.

［55］PANAS A,PANTOUVAKIS J P.Simulation-based and statistical analysis of the learning effect in floating caisson construction operations［J］. Journal of Construction Engineering and Management,2014,140(1):04013033.

［56］AKHAVIAN R,BEHZADAN A H.Knowledge-based simulation modeling of construction fleet operations using multimodal-process data mining［J］.Journal of Construction Engineering and Management,2013,139(11):04013021.

［57］KISI K P.Estimation of Optimal Productivity in Labor-Intensive Construction Operations［D］.Graduate College of the University of Nebraska,Lincoln,2015.

［58］JOHNSON J,KRISHNA R,STARK M,et al.Image retrieval using scene graphs［C］//2015 IEEE Conference on Computer Vision and Pattern Recognition(CVPR).Boston,MA,USA.IEEE,2015:3668-3678.

［59］倪盛俭.词语表征新探［J］.社会科学论坛,2012(8):42-47.

［60］陈岭罗岚.场景风格设计及技法运用［M］.杭州:浙江大学出版社,2008.

［61］欧文·戈夫曼.日常生活中的自我呈现［M］.冯钢,译.北京:北京大学出版社,2008.

［62］约书亚·梅罗维茨.消失的地域:电子媒介对社会行为的影响［M］.肖志

军,译.北京:清华大学出版社,2002.

[63] 罗伯特·斯考伯,谢尔·伊斯雷尔.即将到来的场景时代:大数据、移动设备、社交媒体、传感器、定位系统如何改变商业和生活[M].赵乾坤,周宝曜,译.北京:北京联合出版公司,2014.

[64] 喻国明,梁爽.移动互联时代:场景的凸显及其价值分析[J].当代传播,2017(1):10-13.

[65] RYU J, SEO J, JEBELLI H, et al. Automated action recognition using an accelerometer-embedded wristband-type activity tracker [J]. Journal of Construction Engineering and Management,2019,145(1):04018114.

[66] XIAO Y, FENG C, TAGUCHI Y, et al. User-guided dimensional analysis of indoor building environments from single frames of RGB-D sensors[J].Journal of Computing in Civil Engineering,2017,31(4):04017006.

[67] PARK J, CHEN J D, CHO Y K. Self-corrective knowledge-based hybrid tracking system using BIM and multimodal sensors[J]. Advanced Engineering Informatics,2017,32(C):126-138.

[68] FANG Y H,CHO Y K,CHEN J D.A framework for real-time pro-active safety assistance for mobile crane lifting operations[J].Automation in Construction,2016,72:367-379.

[69] LIM T K,PARK S M,LEE H C,et al.Artificial neural network-based slip-trip classifier using smart sensor for construction workplace [J]. Journal of Construction Engineering and Management,2016,142(2):04015065.

[70] CAI J N,CAI H B.Robust hybrid approach of vision-based tracking and radio-based identification and localization for 3D tracking of multiple construction workers[J].Journal of Computing in Civil Engineering,2020,34(4):04020021.

[71] DENG H, HONG H, LUO D H, et al. Automatic indoor construction process monitoring for tiles based on BIM and computer vision [J]. Journal of

Construction Engineering and Management,2020,146(1):04019095.

[72] XU L C,FENG C,KAMAT V R,et al.A scene-adaptive descriptor for visual SLAM-based locating applications in built environments[J].Automation in Construction,2020,112:103067.

[73] TSURUTA T,MIURA K,MIYAGUCHI M.Mobile robot for marking free access floors at construction sites[J].Automation in Construction,2019,107:102912.

[74] LIU Y F,CASTRONOVO F,MESSNER J,et al.Evaluating the impact of virtual reality on design review meetings[J].Journal of Computing in Civil Engineering,2020,34(1):04019045.

[75] ZHOU Y,LUO H B,YANG Y H.Implementation of augmented reality for segment displacement inspection during tunneling construction[J].Automation in Construction,2017,82:112-121.

[76] OMAR T,NEHDI M L.Data acquisition technologies for construction progress tracking[J].Automation in Construction,2016,70:143-155.

[77] KOPSIDA M,BRILAKIS I.Real-time volume-to-plane comparison for mixed reality-based progress monitoring[J].Journal of Computing in Civil Engineering,2020,34(4):04020016.

[78] DARKO A,CHAN A P C,ADABRE M A,et al.Artificial intelligence in the AEC industry:Scientometric analysis and visualization of research activities [J].Automation in Construction,2020,112:103081.

[79] AMIT S.Introducing the knowledge graph:Things,not strings[EB/OL][2020-07-10].2012.

[80] 杨佳琦.基于中文自然语言处理的糖尿病知识图谱构建[D].包头:内蒙古科技大学,2020.

[81] ALWASEL A,ABDEL-RAHMAN E M,HAAS C T,et al.Experience,productivity, and musculoskeletal injury among masonry workers[J].Journal of Construction

Engineering and Management, 2017, 143(6):05017003.

[82] AZAR E R.Construction equipment identification using marker-based recognition and an active zoom camera[J].Journal of Computing in Civil Engineering, 2016, 30(3):04015033.

[83] LE Q H, LEE J W, YANG S Y.Remote control of excavator using head tracking and flexible monitoring method[J]. Automation in Construction, 2017, 81: 99-111.

[84] KIM J, CHI S.Adaptive detector and tracker on construction sites using functional integration and online learning[J].Journal of Computing in Civil Engineering, 2017, 31(5):04017026.

[85] SHIROWZHAN S, SEPASGOZAR S M E, LI H, et al.Comparative analysis of machine learning and point-based algorithms for detecting 3D changes in buildings over time using bi-temporal lidar data[J].Automation in Construction, 2019, 105:102841.

[86] HAMLEDARI H, MCCABE B, DAVARI S.Automated computer vision-based detection of components of under-construction indoor partitions[J].Automation in Construction, 2017, 74:78-94.

[87] KIM S, IRIZARRY J, KANFER R.Multilevel goal model for decision-making in UAS visual inspections in construction and infrastructure projects[J].Journal of Management in Engineering, 2020, 36(4):04020036.

[88] KIM H, KIM H, HONG Y W, et al.Detecting construction equipment using a region-based fully convolutional network and transfer learning[J].Journal of Computing in Civil Engineering, 2018, 32(2):04017082.

[89] HOU X L, ZENG Y, XUE J G.Detecting structural components of building engineering based on deep-learning method[J]. Journal of Construction Engineering and Management, 2020, 146(2):04019097.

［90］ KONSTANTINOU E, LASENBY J, BRILAKIS I. Adaptive computer vision-based 2D tracking of workers in complex environments［J］. Automation in Construction, 2019, 103: 168-184.

［91］ SON H, CHOI H, SEONG H, et al. Detection of construction workers under varying poses and changing background in image sequences via very deep residual networks［J］. Automation in Construction, 2019, 99: 27-38.

［92］ KALE G V, PATIL V H. A Study of Vision based Human Motion Recognition and Analysis［J］. International Journal of Ambient Computing and Intelligence, 2016, 7(2): 75-92.

［93］ KIM J, CHI S. Action recognition of earthmoving excavators based on sequential pattern analysis of visual features and operation cycles［J］. Automation in Construction, 2019, 104: 255-264.

［94］ CHU W J, HAN S, LUO X W, et al. Monocular vision-based framework for biomechanical analysis or ergonomic posture assessment in modular construction［J］. Journal of Computing in Civil Engineering, 2020, 34(4): 04020018.

［95］ CHEN J Y, QIU J, AHN C. Construction worker's awkward posture recognition through supervised motion tensor decomposition［J］. Automation in Construction, 2017, 77: 67-81.

［96］ ZHANG H, YAN X Z, LI H. Ergonomic posture recognition using 3D view-invariant features from single ordinary camera［J］. Automation in Construction, 2018, 94: 1-10.

［97］ CHEN H N, LUO X W, ZHENG Z, et al. A proactive workers' safety risk evaluation framework based on position and posture data fusion［J］. Automation in Construction, 2019, 98: 275-288.

［98］ KHOSROWPOUR A, NIEBLES J C, GOLPARVAR-FARD M. Vision-based workface assessment using depth images for activity analysis of interior construction operations[J].Automation in Construction,2014,48:74-87.

[99] SOLTANI M M,ZHU Z H,HAMMAD A.Skeleton estimation of excavator by detecting its parts[J].Automation in Construction,2017,82:1-15.

[100] SOLTANI M M,ZHU Z H,HAMMAD A.Framework for location data fusion and pose estimation of excavators using stereo vision[J].Journal of Computing in Civil Engineering,2018,32(6):04018045.

[101] LUO H,WANG M Z,WONG P K Y,et al.Full body pose estimation of construction equipment using computer vision and deep learning techniques [J].Automation in Construction,2020,110:103016.

[102] FANG Q,LI H,LUO X C,et al.Detecting non-hardhat-use by a deep learning method from far-field surveillance videos[J].Automation in Construction, 2018,85:1-9.

[103] NAN Y,LIN N,ZHANG D Y,et al.Research on image interpretation based on deep learning[J].Infrared and Laser Engineering,2018,47(2):203002.

[104] AAFAQ N,MIAN A,LIU W,et al.Video description:A survey of methods, datasets,and evaluation metrics[J].ACM Computing Surveys,52(6):115.

[105] LECUN Y,BENGIO Y,HINTON G.Deep learning[J].Nature,2015,521: 436-444.

[106] SCHWENK H,GAUVAIN J L.Training neural network language models on very large corpora[C]//Proceedings of the conference on Human Language Technology and Empirical Methods in Natural Language Processing-HLT '05. Vancouver, British Columbia, Canada. Morristown, NJ, USA:Association for Computational Linguistics,2005:201-208.

[107] BENGIO Y,SCHWENK H,SENÉCAL J S,et al.Neural probabilistic language models[M]//Innovations in Machine Learning.Berlin/Heidelberg:Springer-Verlag,2006:137-186.

［108］ MNIH A, HINTON G. Three new graphical models for statistical language modelling［C］//Proceedings of the 24th international conference on Machine learning.Corvalis Oregon USA.ACM,2007:641-648.

［109］ MIKOLOV T,KOMBRINK S,BURGET L,et al.Extensions of recurrent neural network language model［C］//2011 IEEE International Conference on Acoustics,Speech and Signal Processing (ICASSP).Prague,Czech Republic. IEEE,2011:5528-5531.

［110］ HOCHREITER S,SCHMIDHUBER J.Long short-term memory［J］.Neural Computation,1997,9(8):1735-1780.

［111］ DONG D X,WU H,HE W,et al.Multi-task learning for multiple language translation［C］//Proceedings of the 53rd Annual Meeting of the Association for Computational Linguistics and the 7th International Joint Conference on Natural Language Processing (Volume 1:Long Papers).Beijing, China. Stroudsburg,PA,USA:Association for Computational Linguistics,2015,1: 1723-1732.

［112］ DENG Y T,KANERVISTO A,RUSH A M.What you get is what you see:A visual markup decompiler［EB/OL］.2016:arXiv:1609.04938.

［113］ FARHADI A,HEJRATI M,SADEGHI M A,et al.Every picture tells a story: Generating sentences from images［M］//Computer Vision-ECCV 2010. Berlin,Heidelberg:Springer Berlin Heidelberg,2010:15-29.

［114］ YANG Z L,YUAN Y,WU Y X,et al.Review networks for caption generation ［C］//Proceedings of the 30th International Conference on Neural Information Processing Systems.Barcelona,Spain.ACM,2016:2369-2377.

［115］ VINYALS O,TOSHEV A,BENGIO S,et al.Show and tell:Lessons learned from the 2015 MSCOCO image captioning challenge［J］.IEEE Transactions on Pattern Analysis and Machine Intelligence,2017,39(4):652-663.

［116］ VINYALS O,TOSHEV A,BENGIO S,et al.Show and tell：A neural image caption generator［C］//2015 IEEE Conference on Computer Vision and Pattern Recognition（CVPR）.Boston,MA,USA.IEEE,2015：3156-3164.

［117］ XU K,BA J,KIROS R,et al.Show,attend and tell：Neural image caption generation with visual attention［EB/OL］.2015：arXiv：1502.03044.http://arxiv.org/abs/1502.03044.

［118］ KARPATHY A,LI F F.Deep visual-semantic alignments for generating image descriptions［C］//IEEE Transactions on Pattern Analysis and Machine Intelligence.IEEE,2017：664-676.

［119］ DONAHUE J,HENDRICKS L A,ROHRBACH M,et al.Long-term recurrent convolutional networks for visual recognition and description［J］. IEEE Transactions on Pattern Analysis and Machine Intelligence,2017,39（4）：677-691.

［120］ CHEN X L,ZITNICK C L.Mind's eye：A recurrent visual representation for image caption generation［C］//2015 IEEE Conference on Computer Vision and Pattern Recognition（CVPR）.Boston,MA,USA.IEEE,2015：2422-2431.

［121］ JIA X,GAVVES E,FERNANDO B,et al.Guiding the long-short term memory model for image caption generation［C］//Proceedings of the 2015 IEEE International Conference on Computer Vision（ICCV）.ACM,2015：2407-2415.

［122］ SERMANET P,EIGEN D,ZHANG X,et al.OverFeat：Integrated Recognition,Localization and Detection using Convolutional Networks［EB/OL］.2013：arXiv：1312.6229.

［123］ 周晓旭.基于层次聚类的 LSTM 神经网络模型在江苏省降水量预测中的应用［D］.济南：山东大学,2020.

［124］ BARBU A,BRIDGE A,BURCHILL Z,et al.Video in sentences out［C］//

Proceedings of the Twenty-Eighth Conference on Uncertainty in Artificial Intelligence.Catalina Island,CA.ACM,2012:102-112.

[125] KRISHNA R,KENJI H T,REN F,et al.Dense-captioning events in videos [C]//2017 IEEE International Conference on Computer Vision (ICCV). Venice,Italy.IEEE,2017:706-715.

[126] KOJIMA A,TAMURA T,FUKUNAGA K.Natural language description of human activities from video images based on concept hierarchy of actions[J]. International Journal of Computer Vision,2002,50(2):171-184.

[127] HAKEEM A,SHEIKH Y,SHAH M.CASE E:A hierarchical event representation for the analysis of videos[C]// National Conference on Artificial Intelligence (NCAI),2004:263-268.

[128] KHAN M U G, ZHANG L, GOTOH Y. Human focused video description [C]//2011 IEEE International Conference on Computer Vision Workshops (ICCV Workshops).Barcelona.IEEE,2011:1480-1487.

[129] KUCHI P,GABBUR P,BHAT P S,et al.Human Face Detection and Tracking using Skin Color Modeling and Connected Component Operators[J].IETE Journal of Research,2002,48(3/4):289-293.

[130] MAGLOGIANNIS I, VOUYIOUKAS D, AGGELOPOULOS C.Face detection and recognition of natural human emotion using Markov random fields[J]. Personal and Ubiquitous Computing,2009,13(1):95-101.

[131] BOBICK A F,WILSON A D.A state-based approach to the representation and recognition of gesture [J]. IEEE Transactions on Pattern Analysis and Machine Intelligence,1997,19(12):1325-1337.

[132] VIOLA P,JONES M.Rapid object detection using a boosted cascade of simple features[C]//Proceedings of the 2001 IEEE Computer Society Conference on Computer Vision and Pattern Recognition. CVPR. Kauai, HI, USA. IEEE,

2001:I.

[133] KIM W,PARK J,KIM C.A novel method for efficient indoor-outdoor image classification [J]. Journal of Signal Processing Systems, 2010, 61 (3): 251-258.

[134] LEE M W,HAKEEM A,HAERING N,et al.SAVE:A framework for semantic annotation of visual events[C]//2008 IEEE Computer Society Conference on Computer Vision and Pattern Recognition Workshops. Anchorage, AK, USA. IEEE,2008:1-8.

[135] HANCKMANN P,SCHUTTE K,BURGHOUTS G J.Automated textual descriptions for a wide range of video events with 48 human actions[C]//International Conference on Computer Vision (ICCV). Springer-Verlag, 2012, 7583: 372-380.

[136] SENINA A, ROHRBACH M, QIU W, et al. Coherent multi-sentence video description with variable level of detail[EB/OL].2014:arXiv:1403.6173.

[137] ROHRBACH A, ROHRBACH M, TANDON N, et al. A dataset for movie description[C]//2015 IEEE Conference on Computer Vision and Pattern Recognition (CVPR).Boston,MA,USA.IEEE,2015:3202-3212.

[138] ROHRBACH M,QIU W,TITOV I,et al.Translating video content to natural language descriptions[C]//2013 IEEE International Conference on Computer Vision.Sydney,NSW,Australia.IEEE,2013:433-440.

[139] KOEHN P,ZENS R,DYER C,et al.Moses:open source toolkit for statistical machine translation [C]//Proceedings of the 45th Annual Meeting of the ACL on Interactive Poster and Demonstration Sessions-ACL '07. Prague, Czech Republic. Morristown, NJ, USA: Association for Computational Linguistics,2007:177-180.

[140] DAS P,XU C L,DOELL R F,et al.A thousand frames in just a few words:

Lingual description of videos through latent topics and sparse object stitching ［C］//2013 IEEE Conference on Computer Vision and Pattern Recognition. Portland，OR，USA.IEEE，2013：2634-2641.

［141］ GUADARRAMA S，KRISHNAMOORTHY N，MALKARNENKAR G，et al. YouTube2Text：recognizing and describing arbitrary activities using semantic hierarchies and zero-shot recognition［C］//2013 IEEE International Conference on Computer Vision.Sydney，NSW，Australia.IEEE，2013：2712-2719.

［142］ KRISHNAMOORTHY N，MALKARNENKAR G，MOONEY R，et al.Generating natural-language video descriptions using text-mined knowledge ［C］// Proceedings of the Twenty-Seventh AAAI Conference on Artificial Intelligence. Bellevue，Washington.ACM，2013：541-547.

［143］ THOMASON J，VENUGOPALAN S，GUADARRAMA S，et al.Integrating language and vision to generate natural language descriptions of videos in the wild ［C］// International Conference on Computational Linguistics（ICCL），2014： 1218-1227.

［144］ XU R，XIONG C M，CHEN W，et al.Jointly modeling deep video and compositional text to bridge vision and language in a unified framework［C］//Proceedings of the Twenty-Ninth AAAI Conference on Artificial Intelligence. Austin， Texas.ACM，2015：2346-2352.

［145］ YU H N，SISKIND J.Learning to describe video with weak supervision by exploiting negative sentential information ［J］. Proceedings of the AAAI Conference on Artificial Intelligence，2015，29（5）：3855-3863.

［146］ SUN C，NEVATIA R. Semantic aware video transcription using random forest classifiers［C］//European Conference on Computer Vision. Cham：Springer， 2014：772-786.

［147］ KRIZHEVSKY A，SUTSKEVER I，HINTON G E.ImageNet classification with

deep convolutional neural networks[J].Communications of the ACM,2017,
60(6):84-90.

[148] SIMONYAN K,ZISSERMAN A.Very deep convolutional networks for large-
scale image recognition[EB/OL].2014:arXiv:1409.1556.

[149] CHO K,VAN MERRIENBOER B,BAHDANAU D,et al.On the properties of
neural machine translation:Encoder-decoder approaches [EB/OL]. 2014:
arXiv:1409.1259.

[150] GRAVES A,JAITLY N.Towards end-to-end speech recognition with recurrent
neural networks[C]//Proceedings of the 31st International Conference on
International Conference on Machine Learning-Volume 32. Beijing, China.
ACM,2014:II-1764-II-1772.

[151] ROHRBACH A,TORABI A,ROHRBACH M,et al.Movie description[J].
International Journal of Computer Vision,2017,123(1):94-120.

[152] VENUGOPALAN S,ROHRBACH M,DONAHUE J,et al.Sequence to sequence:
Video to text[C]//2015 IEEE International Conference on Computer Vision
(ICCV).Santiago,Chile.IEEE,2015:4534-4542.

[153] PAPINENI K,ROUKOS S,WARD T,et al.BLEU:A method for automatic
evaluation of machine translation [C]//Proceedings of the 40th Annual
Meeting on Association for Computational Linguistics.ACM,2002:311-318.

[154] LIN C Y.Rouge:A package for automatic evaluation of summaries[C]// Text
Summarization Branches Out (WAS).2004,1:25-26.

[155] VEDANTAM R,ZITNICK C L,PARIKH D.CIDEr:Consensus-based image
description evaluation[C]//2015 IEEE Conference on Computer Vision and
Pattern Recognition (CVPR).Boston,MA,USA.IEEE,2015:4566-4575.

[156] ANDERSON P,FERNANDO B,JOHNSON M,et al.SPICE:semantic propositional
image caption evaluation[M]//Computer Vision-ECCV 2016.Cham:Springer
International Publishing,2016:382-398.

［157］王剑锋.基于深度学习的图像字幕生成方法研究［D］.上海：上海师范大学，2018.

［158］HAVRLANT L，KREINOVICH V.A simple probabilistic explanation of term frequency-inverse document frequency（tf-idf）heuristic（and variations motivated by this explanation）［J］.International Journal of General Systems，2017，46（1）：27-36.

［159］GOUTTE C，GAUSSIER E.A probabilistic interpretation of precision，recall and F-score，with implication for evaluation［M］//Lecture Notes in Computer Science.Berlin，Heidelberg：Springer Berlin Heidelberg，2005：345-359.

［160］FANG H，GUPTA S，IANDOLA F，et al.From captions to visual concepts and back［C］//2015 IEEE Conference on Computer Vision and Pattern Recognition（CVPR）.Boston，MA，USA.IEEE，2015：1473-1482.

［161］DAI B，FIDLER S，URTASUN R，et al.Towards diverse and natural image descriptions via a conditional GAN［C］//2017 IEEE International Conference on Computer Vision（ICCV）.Venice，Italy.IEEE，2017：2989-2998.

［162］KUZNETSOVA P，ORDONEZ V，BERG T L，et al.TreeTalk：Composition and compression of trees for image descriptions［J］.Transactions of the Association for Computational Linguistics，2014，2：351-362.

［163］CHEN X L，FANG H，LIN T Y，et al.Microsoft COCO captions：Data collection and evaluation server［EB/OL］.2015：arXiv：1504.00325.

［164］温亚.面向自然语言理解的图像语义分析方法研究［D］.北京：中国科学院大学，2017.

［165］LOPER E，BIRD S.NLTK［C］//Workshop on Effective tools and methodologies for teaching natural language processing and computational linguistics.Morristown，NJ，USA：Association for Computational Linguistics（ACL），2016，1（Mar.）：63-70.

［166］KINGMA D P，BA J L.Adam：A method for stochastic gradient descent［C/

OL]//International Conference on Learning Representations (ICLR).2015.

[167] HE K M,ZHANG X Y,REN S Q,et al.Deep residual learning for image recognition[C]//2016 IEEE Conference on Computer Vision and Pattern Recognition (CVPR).Las Vegas,NV,USA.IEEE,2016:770-778.

[168] 李柏阳.基于深度学习的绝缘子语义分割研究[J].信息通信,2020,33 (12):113-115.

[169] MIKOLOV T,SUTSKEVER I,CHEN K,et al.Distributed representations of words and phrases and their compositionality[C]//Proceedings of the 26th International Conference on Neural Information Processing Systems-Volume 2. Lake Tahoe,Nevada.ACM,2013:3111-3119.

[170] IOFFE S,SZEGEDY C.Batch normalization:Accelerating deep network training by reducing internal covariate shift [C]// International Conference on Machine Learning (ICML),2015,1:448-456.

[171] ROY A,TODOROVIC S.Scene labeling using beam search under mutex constraints [C]//2014 IEEE Conference on Computer Vision and Pattern Recognition. Columbus,OH,USA.IEEE,2014:1178-1185.

[172] 张元昊.基于审议机制的视频描述方法研究[D].北京:北京交通大学,2020.

[173] GATT A,KRAHMER E.Survey of the State of the Art in Natural Language Generation:Core tasks,applications and evaluation[J].Journal of Artificial Intelligence Research,2018,61:65-170.

[174] VAHDAT A.Toward robustness against label noise in training deep discriminative neural networks[C]//Proceedings of the 31st International Conference on Neural Information Processing Systems.Long Beach,California,USA.ACM, 2017:5601-5610.

[175] KUZNETSOVA P,ORDONEZ V,BERG A C,et al.Collective generation of natural image descriptions[C]//Proceedings of the 50th Annual Meeting of

the Association for Computational Linguistics：Long Papers-Volume 1. Jeju Island，Korea. ACM，2012：359-368.

[176] DENG J，DONG W，SOCHER R，et al. ImageNet：A large-scale hierarchical image database[C]//2009 IEEE Conference on Computer Vision and Pattern Recognition. Miami，FL，USA. IEEE，2009：248-255.

[177] SUTSKEVER I，HINTON G，KRIZHEVSKY A，et al. Dropout：A Simple Way to Prevent Neural Networks from Overfitting[J]. Journal of Machine Learning Research，2014，15(1)：1929-1958.

[178] BELTRÃO J F，SILVA J B C，COSTA J C. Robust polynomial fitting method for regional gravity estimation[J]. GEOPHYSICS，1991，56(1)：80-89.

[179] ZHANG C Y，BENGIO S，HARDT M，et al. Understanding deep learning requires rethinking generalization[EB/OL]. 2016：arXiv：1611.03530.

[180] WONG K F，WU M L，LI W J. Extractive summarization using supervised and semi-supervised learning [C]//Proceedings of the 22nd International Conference on Computational Linguistics-COLING '08. Manchester，United Kingdom. Morristown，NJ，USA：Association for Computational Linguistics，2008：985-992.

[181] SIMONYAN K，ZISSERMAN A. Two-stream convolutional networks for action recognition in videos[C]//Proceedings of the 27th International Conference on Neural Information Processing Systems-Volume 1. Montreal，Canada. ACM，2014：568-576.

[182] VENUGOPALAN S，XU H J，DONAHUE J，et al. Translating videos to natural language using deep recurrent neural networks[C]//Proceedings of the 2015 Conference of the North American Chapter of the Association for Computational Linguistics：Human Language Technologies. Denver，Colorado. Stroudsburg，PA，USA：Association for Computational Linguistics，2015：1494-1504.

［183］王青松,张衡,李菲.基于文本多维度特征的自动摘要生成方法［J］.计算机工程,2020,46(9):110-116.

［184］朱玉佳,祝永志,董兆安.基于 TextRank 算法的联合打分文本摘要生成［J］.通信技术,2021,54(2):323-326.

［185］MIHALCEA R,TARAU P.TextRank:Bringing order into texts［J］.Proceedings of EMNLP,2004,85:404-411.

［186］RONG X.word2vec parameter learning explained［EB/OL］.2014:arXiv:1411.2738.

［187］CAMPOS V,JOU B,GIRÓ-I-NIETO X.From pixels to sentiment:Fine-tuning CNNs for visual sentimentprediction［J］.Image and Vision Computing,2017,65:15-22.

［188］RADENOVIC F,TOLIAS G,CHUM O.Fine-tuning CNN image retrieval with No human annotation［J］. IEEE Transactions on Pattern Analysis and Machine Intelligence,2019,41(7):1655-1668.

［189］HENTSCHEL C,WIRADARMA T P,SACK H.Fine tuning CNNS with scarce training data—Adapting imagenet to art epoch classification［C］//2016 IEEE International Conference on Image Processing (ICIP).Phoenix,AZ,USA.IEEE,2016:3693-3697.

［190］PHAN S,EJE G,YUSUKE H,et al.Consensus-based Sequence Training for Video Captioning［C/OL］//IEEE Computer Society Conference on Computer Vision and Pattern Recognition (CVPR),IEEE,2017.

［191］YU H N,WANG J,HUANG Z H,et al.Video paragraph captioning using hierarchical recurrent neural networks［C］//2016 IEEE Conference on Computer Vision and Pattern Recognition (CVPR).Las Vegas,NV,USA.IEEE,2016:4584-4593.

［192］PAN Y W,YAO T,LI H Q,et al.Video captioning with transferred semantic attributes［C］//2017 IEEE Conference on Computer Vision and Pattern Recognition (CVPR).Honolulu,HI,USA.IEEE,2017:984-992.

［193］YAO T，LI Y，QIU Z，et al.MSR Asia MSM at activitynet challenge 2017：Trimmed action recognition，temporal action proposals and densecaptioning events in videos［EB/OL］（2017）.

［194］BARALDI L，GRANA C，CUCCHIARA R. Hierarchical boundary-aware neural encoder for video captioning［C］//2017 IEEE Conference on Computer Vision and Pattern Recognition（CVPR）.Honolulu，HI，USA.IEEE，2017：3185-3194.

［195］YU Y，KO H，CHOI J，et al.End-to-end concept word detection for video captioning，retrieval，and question answering［C］//2017 IEEE Conference on Computer Vision and Pattern Recognition（CVPR）.Honolulu，HI，USA.IEEE，2017：3261-3269.

［196］WANG J B，WANG W，HUANG Y，et al.M3：multimodal memory modelling for video captioning［C］//2018 IEEE/CVF Conference on Computer Vision and Pattern Recognition.Salt Lake City，UT，USA.IEEE，2018：7512-7520.

［197］WANG B R，MA L，ZHANG W，et al.Reconstruction network for video captioning［C］//2018 IEEE/CVF Conference on Computer Vision and Pattern Recognition.Salt Lake City，UT，USA.IEEE，2018：7622-7631.

［198］AAFAQ N，AKHTAR N，LIU W，et al.Spatio-temporal dynamics and semantic attribute enriched visual encoding for video captioning［C］//2019 IEEE/CVF Conference on Computer Vision and Pattern Recognition（CVPR）.Long Beach，CA，USA.IEEE，2019：12479-12488.